南海子文化系列丛书

兴甜绿海

中共北京市大兴区委宣传部　编著

中国出版集团　现代出版社

图书在版编目（CIP）数据

兴甜绿海 / 中共北京市大兴区委宣传部编著 . -- 北

京：现代出版社，2017.8

ISBN 978-7-5143-6334-0

Ⅰ . ① 兴… Ⅱ . ① 中… Ⅲ . ① 生态环境建设－大兴区

Ⅳ . ① X321.213

中国版本图书馆 CIP 数据核字 (2017) 第 188701 号

著 者	中共北京市大兴区委宣传部	
责任编辑	杨学庆	
出版发行	现代出版社	
地 址	北京市安定门外安华里 504 号	
邮政编码	100011	
电 话	010-64267325 64245264（传真）	
网 址	xiandai@cnpitc.com.cn	
印 刷	北京市群英印刷有限公司	
开 本	1/32 开 710 毫米 ×1000 毫米	
印 张	6.37	
版 次	2017 年 9 月第 1 版	
印 次	2018 年 6 月第 2 次印刷	
标准书号	ISBN 978-7-5143-6334-0	
定 价	68.00 元	

编 委 会

总　序

　　文化是一个民族传承绵延的精神血脉，是形成民族归属感认同感的精神纽带，是孕育民族气质品格的精神基因。文化发展的脉络传承着一个地域精神风貌和历史底蕴，是特定区域特定时期的文化印记。

　　大兴自秦置县，定名于金，史称"天下首邑"，自古便是人文厚重之地。战国黄金台，隋唐战略要津，辽、金、元、明、清五朝皇家猎场，两朝皇家苑囿……文化，在大兴历史的变迁与岁月的洗礼中，闪耀着光彩夺目、缤纷斑斓的色彩，是首都文化即古都文化、红色文化、京味文化的重要组成部分。

　　今天，新区实现了历史性跨越和蓬勃发展，随着北京新机场的开工建设、城南行动计划顺利实施、大兴区与北京经济技术开发区一体融合创新发展、集体土地改革纵深推进……如今，京南门户大兴新区，作为京津冀协同发展的中部核心区，坐拥新机场，毗邻副中心，辐射京津冀，联通雄安新区。一体化、高端化、国际化的宜居宜业和谐新区正在蓬勃发展建设中。

　　文化是地区发展之魂，是经济社会发展的软实力。以思想引领为"动力"、以舆论宣传添"助力"、创文化品牌增"活力"，通过文化发展，形成良好的理论氛围、舆论氛围、文化氛围及社会氛围。面向"十三五"，新区紧密围绕区域传统文化特色中心、中华民族优秀文化展示中心、国际文化交流交往中心和文化创意产业中心建设，开展南海子文化活动季，推动文化大发展大繁荣。努力让南海子文化品牌惠泽民生、凝神聚气、助力发展，使南海子文化成为有区域特色、历史传承、深远影响的文化载体，不断提高新区文化的吸引力、凝聚力、影响力。

为了更加好地培育和弘扬社会主义核心价值观，推进西山永定河文化带建设，打造南海子文化品牌，由大兴区委宣传部主持创作了这样一套五卷本的"南海子文化系列丛书"。丛书旨在理清新区文化发展脉络，展现新区特有的人文风情和深厚的文化底蕴，提升新区文化软实力，为新区发展凝聚强大的精神力量。编委会组织了专家学者组成写作团队，梳理编辑，有序推进，从多角度、全方位展现了大兴区各个领域、多个行业在不同时期的文化特质和丰富内涵。本套丛书围绕传统历史、绿色生态、高端创意、现代工业、基层群众文化五个视角展开。应该说，"南海子文化系列丛书"是"南海子文化"品牌展示的一项重要工程。写作团队努力做到史料翔实、记录准确，本着尊重历史、客观中立的治学态度，精心梳理，反复修改，使之形成一套综合性、历史性、权威性、大众性兼具的通俗读物。使广大读者了解大兴，热爱大兴，建设大兴，为大兴经济社会发展做出更大贡献。

南海子文化系列丛书 编委会

2017 年 6 月

地球是包括人类在内的所有生物共同的家园。作为其中的重要一员，人类自诞生以来，对这个星球产生了重大影响。地球的面貌因人类活动而不断改变。

经过漫长岁月，人类逐渐掌握了游牧和农耕技能，并由此衍生发展出游牧文明、农耕文明。由于可以获得稳定的生活资料，农耕文明下的人口数量持续增长。但有限的土地并不能承载无限的人口。马克思曾经说过，人类进步的同时，往往伴随着自然的退化。毁林开荒、土壤结构被破坏、水土流失、土地沙漠化等因素使得农耕文明即使没有外来入侵也将面临发展的极限。好在这是一个相对漫长的过程，自然环境的恶化还没有从全局上威胁人类的生存。总体而言，农耕文明仍有我们今天改善生态环境可资借鉴的经验。

工业革命以来，人类活动对自然生态的影响急剧变大。虽然工业革命以后创造的财富超过了之前人类创造财富的总和，但与之相伴的则是人类对自然生态环境的破坏速度也达到了空前的程度。200多年来，工业产品在改善和提高人类生活水平的同时，也让酸雨、雾霾、污水、废气、废水、废渣以及建筑垃圾、电子垃圾包围了人类，随之而来的则是人类赖以生存的水、空气和土地被污染，气候变暖，臭氧层被破坏，物种灭绝加速，等等，人类生存环境急剧恶化。

现在，人们已经认识到地球生态

环境保护的重要意义，并从历史和未来两个向度寻找破解当前环境难题的方法。

在悠长的历史进程中，我们的祖先创造了辉煌的中华文明，其中不乏关于人与自然关系的观点与阐述。例如，"天人合一"的生态地位观，"仁德爱物"的爱护生态观，"取物有时"的尊重生态规律观，等等。老子提出的"人法地，地法天，天法道，道法自然"，不仅是中国哲学的思想精髓，也是中国古代生态观和生态理论的基石。

然而，中国传统文化中的和谐生态观毕竟脱胎于农业文明，不可避免地带有某些局限性。党的十八大对推进中国特色社会主义事业做出经济建设、政治建设、文化建设、社会建设、生态文明建设的"五位一体"总体布局，将生态文明建设提升到前所未有的高度，将实现社会主义现代化和中华民族伟大复兴的内涵、外延进一步丰富和拓展。

大兴的历史悠久，在农耕时代创造了辉煌的本土文化，孕育了朴素的生态观。但也由于种种原因，造成自然环境一度恶化，影响了经济社会发展和人民的生产生活。如今，通过勤劳的双手，大兴的生态环境已得到极大改观，无论从环境治理、生态保护还是从未来可持续发展方面，大兴正在走出一条具有自身特色的生态文明建设之路。一个大绿大美、人与自然和谐共处的快速发展的美丽大兴，正逐步展现在世人眼前。

目　录 CONTENTS

壹

第一章

农耕文明

　　农耕乃衣食之源、人类文明之根。农业一直以来都是大兴的主要产业。"兴甜绿海",首都的南菜园、重要副食品生产基地、粮食主产区……都曾是大兴农业的标签。如今的大兴已逐步形成了向产业化经营发展的城郊型现代农业生态体系。历史变迁、沧海桑田,这里曾经富庶繁盛、阡陌纵横,这里也曾荒凉偏僻、人烟稀少,但不变的是大兴从古至今一脉相承的绿色发展脉络,和大兴人民勤劳智慧与自然生态和谐共生的发展意识。

第一节　历史的错觉

❧ 悠久的历史 ❧

由于在大兴历史上，从明朝开始出现过几次大规模移民，以致许多人认为，明朝以前的大兴人烟稀少、贫穷荒凉，而事实并非如此。古代的大兴也曾拥有过属于自己的繁华，那是农耕文明下的繁华，无奈在天灾与战乱之下，那一切都成为过眼云烟。

大兴最早为古蓟县，因建于蓟城地区得名。蓟县为先秦制县，为春秋战国时期燕国所建。关于蓟与燕的关系，据司马迁的《史记》记载：周武王灭商后，封黄帝之后于蓟。蓟，就是当时在北京这个地方比较早的一个诸侯国或城的名称。文献还记载，武王同时还封了召公奭于燕。这样，古代时北京这个地方就有了两个小的国家，一个是燕，一个是蓟。古代蓟在哪里呢？最早分封的蓟，据中国科学院院士、中国著名历史地理学家侯仁之先生考证，地点确定在今天的广安门外，在白云观这一地带。白云观西面原来有一片高地，可能是古文献记载的蓟丘，是最早的蓟城遗址。大兴便属于古代蓟国。

秦始皇二十三年（前224），秦于蓟城地区置广阳郡，蓟县属之。自汉至隋唐五代，蓟县之建制始终存在。西汉，蓟县相继隶属燕国、燕郡、广阳郡、广阳国。王莽新朝时期（8—23），蓟县一度改名伐戎县，隶属广阳郡，王莽新朝覆灭后恢复蓟县名。东汉，蓟县相继隶属广阳国、广阳郡、上谷郡、广阳郡。

❧ 广阳城繁华一时 ❧

在大兴，曾经有广阳城的传说。今天，在河北廊坊市有广阳区，房山区有广阳镇，应该都属于当初广阳国属地。大兴区《庞各庄镇志》中包括大量关于广阳城的资料。

众所周知，按照中国旧有的惯例，允许建城池者起码要在县级以上。而当年的广阳城充其量才两千余户，连个镇的规模都很勉强，岂有允许其建城的道理？然而，事实上在众多广阳城的传说故事中，却无不提到当时确确实实有着一座雄伟壮观的城。

相传在这座小城内就住有 360 位家财万贯的员外爷，真可谓富者云集了。要问这座小小的广阳城内，为什么会有这许多富豪之家？据传说，主要是因为当年的广阳城是块风水宝地，气候宜人、景色秀美，土地平坦而肥沃，水陆交通都很便利，从广阳北城乘船可直抵通州大运河，陆路出广阳西门即可达京南大道。当然，更主要的原因还是由于这里临近京畿腹地，所以京城里的达官贵人都相中了这里，纷纷争先恐后地到这里来选址定居，有的开设商店，有的置买土地兴建庄园。不久，这里就变得城内商店作坊林立，城外庄园比比皆是，从而一座繁华热闹的广阳城才得以拔地而起。

1952 年大兴县文物部门曾在全县范围内进行过一次文物大普查，在广阳城的遗址上发现仍有不少散落在地面上的残砖碎瓦和陶瓷片，据有关专家认定，这些散落物皆属我国汉至金、元时期的产物。另据史书记载，汉武帝时（前140—前87）曾在蓟南置广阳县；金代大兴县辖有广阳镇，位于庞各庄北偏东约 4 公里处。

当时，庞各庄镇的主街为东西走向，距广阳城约 4 公里。到了明朝后期，因永定河决口，把原庞各庄尽皆冲毁，后来重建庞各庄时，在吸取教训的基础上才将原来东西向的大街改为如今南北走向的三里长街。因此，原广阳城与今天庞各庄的距离约为 2.5 公里。

既然历史证明的确有广阳城，那么它的遗址究竟有多宽多长具体坐落在什么地方？据资料所知，其大致位置是庞各庄以北、黄村以南，在原天堂河左畔的京开公路以东。这座小城南北长约2.5公里，东西宽约1.5公里，形状为长方形。广阳城西邻北臧村、中臧村、大臧村；城西南为东、西中堡；城正南为郭家场，城东南为四各庄；城东为东、西枣林庄，西庄，城东北为狼各庄；广阳城北邻近处无村，是一块偌大的开阔地，北端的村名为饮马井。该村距广阳城约3.5公里，偏西北为天宫院与广阳相隔天堂河和京开公路往东的一喊之地。从其四至分明的地理位置看，显而易见，原广阳城的具体定位恰恰就是以如今的天堂河农场为中轴线的。

由此可见，大兴确曾有过繁华的城市，历史上的大兴地区并不是我们想象中的荒凉之地，早在明朝大移民以前，就已经非常繁华。那时候这里的生产生活应该是以农耕生产为主要的方式。"桑枣田园"，为我们提供了广阔的想象空间。

在一片汉风浓郁的燕山小平原上，这里曾经是青砖瓦舍，阡陌纵横。村边环绕着枝叶茂密的桑树，路边成排的枣树在夏风中飘逸着花香。夕阳西下，路上走着劳作归来的农夫，家里妻子已经煮好饭菜，小儿在门口等待着父亲从田里带回来蝈蝈、蚂蚱。多么安详舒适的田园生活。偶尔有长袍大袖的文人雅士，看见村头酒肆的幌子迎风招摇，一定会停下脚步，进得小店，饮上几两，聊一聊农事，吟几句诗再走。在大兴这片土地上，仅在大唐一代就有过贾岛、陈子昂、卢照邻等诗人的身影。

❧ 天灾与人祸 ❧

田园也好，市井也罢，曾经的繁华终究还是逝去了。

据传说，广阳城虽然经历过数个朝代的沧桑洗礼，都不曾衰落，然而到了元代，灭顶之灾却突然降临。在一个炎热酷夏的半夜子时，天上突然阴云密布，狂风大作，电闪雷鸣，大雨滂沱。固安县城北关发生大地震，波及广阳城。只听一声巨响，广阳城竟然轰然倒塌。与此同时，永定河西大营北段大堤决口，汹涌的洪水如同猛兽般咆哮着直奔广阳城而来，历经千年的广阳城被永定河洪水的巨浪所淹没。可怜全城万余口人多数在睡梦中死于非命，少数幸存者又被永定河洪水夺去了生命，真正幸存者所剩无几。据生者哭诉，到了第二天睁眼一看，广阳城的城墙、街道、亭台楼阁以及商店民房已然没有丝毫踪影，见到的只是一片汪洋……

据《大兴县志》记载，像这样的地震和洪水（永定河）泛滥给大兴（广阳城）带来灭顶之灾多达 10 余次。

也就是说，在历史上，大兴一带曾经已经发展为繁华富庶之地，但是由于地震、洪水等天灾摧毁了大地上的一切。对大兴地区农耕文化造成巨大破坏的，还有朝代更迭带来的战乱。金朝迁都燕京（今北京西南地区），后改燕京为中都，中都人口最盛时达百万之众，成吉思汗麾下大将木华黎攻下中都后杀掠焚城，剩余人口不足 10 万；此后，元末明初的战火，更是让华北地区赤地千里。人口是一切文明赖以发展的先决条件。战乱对大兴地区的农耕文化造成了毁灭性的打击，以至明初统治者不得不强制移民，恢复生产。

半耕半牧

一直以来，人们对大兴的认识往往是以宋元以来的社会生产生活方式为固有模式，认为我们的祖先是生活在一种半耕半牧的状态中。唐朝末年，中国社会一度陷入混乱之中，在不到 1 个世纪的时间里，中原地区先后出现了"五代"和"十国"。史称后梁、后唐、后晋、后汉与后周为"五代"。五代之外有众多割据政权，其中前蜀、后蜀、吴、南唐、吴越、闽、楚、南汉、南平（荆南）、北汉等十个称制立国（称王或称帝）的割据政权被称为"十国"。十国之外，还有晋（后唐前身）、岐、卢龙（燕）、定难、成德（赵）、义武（北平）、朔方、归义、河西、武平、殷、清源（泉漳）、静海等众多割据势力。

在后唐时期，河东节度使石敬瑭割让幽云十六州给契丹。这十六州是：幽（今北京市）、蓟（今天津蓟县）、瀛（今河北河间）、莫（今河北任丘）、涿（今河北涿州）、檀（今北京密云）、顺（今北京顺义）、新（今河北涿鹿）、妫（音归，原属北京怀来，今已被官厅水库所淹）、儒（今北京延庆）、武（今河北宣化）、蔚（今山西灵丘）、云（今山西大同）、应（今山西应县）、寰（今山西朔州东马邑镇）、朔（今山西朔州）。

　　燕云十六州在非汉族的统治者统治了455年（913—1368）之后，明朝洪武元年（1368）八月，明太祖朱元璋遣徐达、常遇春攻克大都，燕云十六州得以重新并入汉人势力范围。这一段历史，使我们认为大兴的农业生产就是游牧民族统治下的半耕半牧的生产生活方式。

　　然而到了宋辽时期，大兴地区却成了北国边关。辽国迅速崛起，并觊觎这里已经很久了，多次跟宋朝交战，这里被反复易手。农耕文化受到了巨大的影响和破坏。随着石敬瑭拱手让出燕云十六州，大兴成了辽国统治地区。草原骑牧生活方式随之进入，大兴开始了农耕文明与草原文明的交汇交融。这种交融的结果是，草原文明已经开始让步于大兴固有的农耕文明。在大兴近30年出土发掘的古墓葬中，出现大批的辽代古墓，这说明了农耕文明产生的巨大影响。辽国作为草原民族，在马背上征战厮杀，对于死去的人应该不是特别看重。不会像中原汉民族那样崇敬先人，敬畏神明。所以，现在发掘的大批的辽墓葬，陪葬品都不多。这说明草原民族已经接受了这里原住民的生活方式，开始遵从当地习俗，已经使用土葬了，但还没有汉民族的那种精细的带有浓厚情感的因素。

　　随着大地震和大暴雨的频繁出现，到了元代，这里人口已经开始稀少。一是宋朝南迁，带走了大部分当地人；二是不断出现的自然灾害，极大地减少了大兴的人口。

　　今天的南海子，辽时称为下马飞放泊，这里是一片沼泽和沙丘，仅是皇帝打猎的场所。这片区域东至马驹桥，北至大红门，西至西红门，南至采育、青云店一带，那时候还没有这几座门，这只是大概范围。可见那时这片地区是没有人烟的荒凉之地。

第二节　回归农耕文明

❧ 移民，开启大兴新的历史 ❧

历史的车轮不可阻挡。农耕文明强大的基因终于改变了大兴地区的历史轨迹。明成祖朱棣北征，亲眼见这里水土肥美，是富饶之地。但是他一路杀来，史称"燕王扫北"，一个"扫"字，应该也造成这里人烟稀少，这应该是他心中的一个隐痛。所以在他尚未定都北京之时，就开始了往这里移民的事情。之后数次大规模移民使大兴地区重回农耕时代，这里再次繁荣起来。

明代大移民，使大兴的生产生活方式重归农耕文明。也奠定了大兴再次走向繁荣发展的基础。

据大兴史料记载：元末明初，战乱频仍，北京地区人口锐减，田地荒废。明太祖、成祖，相继采取移民垦荒措施。明洪武四年（1371）四月，迁徙山后之民1.7万户屯北平（燕王朱棣平定北方之后改北京为北平），六月迁徙山后之民3.58万户、19.7万人；同年又迁徙元朝沙漠遗民3.28万户屯北平，置254屯，在大兴县共建49屯、5745户。从这里可以看出，在大兴地区，最早的移民不是来自山西，而是从河北张家口以及以西一带而来。河北这里只有燕山山脉，山后即燕山以北地区。大兴有的村里还有老人口口相传："我们是从山后蔚县而来。"当年，燕王朱棣北征，自山后小兴村收降张福等若干人，散处黄堡、东庄营等地，黄堡遂成为王庄，燕王称帝后，改为皇庄。这个时候，可以说是移民的实验阶段，大多是在距离北平不算太远的燕山以北地区，将一些原居民迁移到北平周边，充实京城的人口。这时候的移民特点是将原本生活在燕山北部、生活条件相对艰苦的零散居民移到京城周边，使这里人口密度增加，生活条件也相应得到改善。

在完成了几次这样小规模的移民之后，北方地区对于大面积的广阔的土地，人口相对来说仍然较少，对于稳定北方政权仍然存在隐患。于是，急需从南方往北迁移居民，一方面是为了繁荣北方地区的经济；另一方面也削弱了南方的经济集团势力，稳定皇权统治。

洪武二十二年（1389），迁山西移民屯北平。

建文四年（1402），迁山西太原、平阳二府泽、潞、辽、沁、汾五州等地人口充实北平。

永乐元年（1403）八月，遣发流放罪人至北京垦田，又徙直隶、苏州等10郡和浙江富户充实北京，有应天、浙江富民3000户充宛平、大兴两县厢长（明代在乡称里，在城称厢，厢长相当里长）。

永乐二年、三年（1404、1405），分别徙山西民万户于北平。

永乐五年（1407）五月，徙山西之平阳、泽、潞，山东之登、莱等9州民5000户隶上林苑监牧养栽种，其中蕃育署移民建村共58营。今此地区沿凤河流域分布的村落，有43个以营为名（或曾经以营为名）的村落，如河津营、长子营、赵县营、沁水营等，为明初移民所建之村。

永乐十五年（1417），迁山西平阳、大同、蔚州、广灵等地人口充实北京，实行军屯制，大兴设军屯51个。

至明万历年间，大兴县共有1.51万户、计7.1万人，与洪武二年大兴县初报2993户、计9899人比较，增加1.21万户、计6.11万人。

自明朝初年起，以江南地区为代表的手工业高度发展，促进了市场经济化和城市化。随着明朝推行"重农抑商"制度，使农业得到了稳步发展。随着明朝纸币"大明宝钞"的流通失败，整个货币体系转向以白银为主。与中国有贸易往来的日本和拉丁美洲的白银大量流入也进一步促进了明朝经济的发展。明嘉靖、万历年间，各地出卖丝绸、酒肉、蔬果、烟草、农作物、瓷器等商品不计其数，外国的不少东西，如欧洲的西洋钟，美洲的烟草，中国城市都有卖。当时商业大都会有北京、南京、扬州、苏州、广州、西安、成都等，著名的商业集团有徽商、川陕商、苏商、京畿商、粤商等。在世界上，明朝是十六七世纪时期手工业、经济最繁华的国家之一。经过几十年的休养生息，全国耕地面积大量增加，到洪武二十四年，国家税粮收入是元代的 2 倍，手工业有了进一步发展，松江是全国棉纺织业中心，苏州、杭州的丝织业发达，景德镇的青花瓷器畅销国内，遵化是全国最大的冶铁中心，福建、广东、南京等地的造船业发展迅速。南京、北京商业兴盛，是当时最繁荣的大都市。在这一大背景下，大兴的农业发展迅速，人口增加，出现了繁荣的局面。

明朝的经济越到后期就越繁荣，越发达。到了万历时期，经济的繁荣、生产力的发达更是达到了一个高峰，明初与之相比是望尘莫及，即便在连续发生了自然灾害后的崇祯年间，尽管相对于万历时期，经济有所衰退，但在总体上，远远高于明初则是不成问题的。

经济更繁荣了，生产力更发达了，而国家的财政却是显得更加困难了。《晚明社会变迁问题与研究》一书认为，明代的税收过低，几乎在250多年的时间里没有增加，而是不断减少。明初的时候税率为3.16%，明代晚期平均税率约1.97%，可见无论是明代初期，还是明代晚期，平均的农业税率都低于1/30，而明代晚期（不包括崇祯时期）甚至低于1/50。这样的一个税率不能不说已经低到了极限。致使明代晚期，国家方面实际征收到的农业赋税，所有摊派零碎全部加起来，总和也低于 4%；而就农民方面来说，其实际负担低于 6%。因为税收不足，明政府很少能够造福于民。以至于民怨增加，最终导致明朝的灭亡。

清代初期，土地的再分配

清军入关后的第二年，顺治元年（1644），顺治帝谕户部："我朝定都燕京，期于久远，凡进京各州甚无主荒田及明国皇亲、驸马、公、侯、伯、太监等，死于寇乱者，尔部可概行清查，若本主尚存或本主已死，而弟子存者，量口给与，其余期于田地，尽行分给东来诸王、勋臣、兵丁人等。"拉开了清初圈地的序幕。

圈地的直接动因，顺治帝称是入关满族和八旗将士等"无处安置。不得不如此区划"。史载"顺治元年，定都燕京，各八旗兵从龙入关……其时合之京师宿卫之兵已不下二十万人。"如此巨大数目的兵丁，连带清洲眷属，一齐涌入京畿地区，如何妥善安置事关社会政治稳定问题。再加上清初财政"一岁之入，不足供一岁之出"，无力解决他们的口粮问题，在这多种因素的促动下，为巩固封建统治基础，圈地因而出现。在圈占过程中，满洲贵族和八旗将士不仅常常把民地强占为官庄，把私人熟田硬说成是无主荒地，而且圈田所到，田主登时逐出，室中所有皆成其所有。清廷还一再下令扩大圈地范围，顺治二年（1645）九月，圈地范围从近京州县扩大到河间、滦州、遵化等府州县，称"凡无主之地，查明给与八旗下耕种"。顺治四年（1647）正月再次谕令圈地。"被圈之民，流离失所……相从为盗，以致陷罪者多"。失去土地的农民为维持生计，又反过来被迫为满清八旗贵族当包衣（类似于农奴）耕种土地。后清朝政府改变它的经营方式，组织农庄。庄分大庄（地420—720亩）、半庄（地240—360亩），把土地拨给八旗王（诸如鳌拜之类）、公、宗室，由内务府统一管理，将所收地租分给王公宗室。官庄采用租佃方式出租给农民，改变过去以包衣为主要劳动力的经营办法。官庄设庄头，直接管理农民，征收地租。庄头是二地主，《红楼梦》里写乌庄头，就是这种二地主的艺术形象，乌庄头交租基本上反映了官庄的经营方式。

康雍乾时期，重视农业发展，改进生产技术，重视农业生产工具的普及和改革，耕田、犁地普遍使用牛耕。引进优良品种，在明代自美洲由南洋输入的玉米、番薯、马铃薯、花生、烟草等多种农作物得到广泛传播。玉米，是16世纪由美洲传入中国，到清初玉米种植范围更加广泛。番薯（俗称地瓜）大约在万历年间，由菲律宾、越南、缅甸传入我国，每亩可得数千斤。改革耕作方法，大力推广多熟种植，在南方部分地区收获早稻后，又插晚稻，收获晚稻后再种油菜或甘薯，一年三熟。

康熙八年（1669），下诏停止圈地，将所圈之地退还原主。称"比年以来，复将民间房地，圈给旗下，以致民生失业，衣食无资，流离困苦，深为可悯，嗣后永行停止，其今年所圈房地，悉令还给民间"。规定所圈土地改名为"更名田"，还给农民耕种。康熙二十四年（1685）又规定，"民间所垦田亩，自后永不许圈。"清初的圈地自此结束。

康雍乾三帝都十分重视农田水利建设。康熙十七年（1678）实施治理黄河，康熙二十三年（1684），圣祖首次南巡，亲临黄河工地，阅视河工。历经30年，肆虐半个多世纪的黄河水患得以根治，黄河地区农业因此连年丰收。在康雍乾三朝时期，三帝都鼓励垦荒，蠲免钱粮。从圣祖继位起，要求5年内将全国的荒地全部垦为农田，凡垦荒成绩突出的省份和官员受奖，反之受罚。从此全国上下进入了大垦荒时代。土地广为开垦，耕地面积逐年增长。

第三节　划时代的变革

土改的目标，耕者有其田

在漫长的历史进程中，在这片土地上耕种、生活的农民，有的善于经营，逐渐发家致富，有了富余资金。对于农民来说，土地就是一切，有了资金首先要做的就是购买土地，扩大经营，从而形成了地主。而一些人由于天灾人祸、不善经营管理，而不得不依靠出卖现有的土地生存。当彻底失去了土地以后，这些人就依赖租赁地主家的土地或者给地主家打工来生活，形成了贫农、雇农。一直到清朝灭亡，中华民国成立都是这种状态。

中华民国以后，中国社会进入军阀割据阶段。这一时期，土地的经营性质没有发生改变，直至抗战胜利后，中国共产党推行土地改革运动，才使这一情况发生了划时代的变化。

抗日战争胜利后，中国为适应广大农民对土地的要求，消灭封建土地所有制，实现"耕者有其田"，于1946年5月4日发出了《关于土地问题的指示》（即"五四指示"），要求放手发动群众，消灭封建剥削，解决农民的土地问题，并在指示中规定了解决土地问题的各项原则。

到1946年冬，河北各解放区（当时大兴属于河北省）凡是环境许可的地方，土改运动都开展起来了。1947年7—9月，中国共产党在河北省平山县西柏坡村召开全国土地会议，这次会议由毛泽东主持，总结了"五四"指示以来土地改革的经验，制定和通过了彻底实行土地改革的《中国土地法大纲》，并于10月10日经中共中央批准正式公布。其中规定："废除封建半封建剥削的土地制度，实行耕者有其田的土地制度"；"乡村农会接收地主的牲畜、农具、房屋、粮食及其他财产，并征收富农上述财产的多余部分"。在这个大纲的指引下，土地改革运动在解放区广大农村迅速掀起。

1948年4月1日，毛泽东在晋绥干部会议上讲话，提出土地改革的总路线是：依靠贫农，团结中农，有步骤、有分别地消灭封建剥削制度，发展农业生产。这样，中国共产党在解放战争时期的土地政策就更加完备、土地改革运动就更加健康地发展。土地改革运动满足了农民的土地要求，激发了群众的革命热情，使解放战争获得了政治、经济和军事力量的源泉，有力地保证了人民解放战争的胜利。

土地改革运动不只是农村以土地为核心的社会财富的重新分配，同时也是在变动土地所有关系的过程中进行各种社会资源的再分配，是一次前所未有的乡村社会改造。近代以来，中国农村的领导权控制在乡绅阶层手中。随着土地改革的进行，原有的乡绅阶层多被划为地主阶级，变成了要打倒的目标，而一向生活于农村社会底层的贫雇农，组织了贫农团，一时成为乡村社会的主宰。土地改革运动用革命的形式，释放了农民对地主的阶级仇恨，使他们产生了改天换地的感觉。

曾亲历过解放区土改的美国友人韩丁在他的《翻身——中国一个村庄的革命纪实》一书的扉页中，写了这样一段话："每一次革命都创造了一些新的词汇。中国革命创造了一整套新的词汇，其中一个重要的词就是'翻身'。它的字面意思是'躺着翻过身来'。对于中国几亿无地和少地的农民来说，这意味着站起来，打碎地主的枷锁，获得土地、牲畜、农具、房屋。但它的意义远不止如此。它还意味着破除迷信，学习科学；意味着扫除文盲，读书识字；意味着不再把妇女视为男人的财产，而建立男女平等关系；意味着废除委派村吏，代之以选举的乡村政权机构。总之，它意味着进入一个新世界。"这是对土地改革意义最精当的评价。

新中国的土地，一切归集体所有

新中国成立以后，互助合作运动兴起，村村都成立了大大小小的互助组，乡亲之间取长补短，互帮互助，使生产力得到了发展。到1956年，高级农业生产合作社普遍建立，新的生产关系的建立，进一步促进了农业生产的发展。

随着大兴县成立以村为单位的生产大队，农田进行了大面积调整，机械化开始进入生产中。1957 年，全县拥有轮式、链轨式拖拉机 36 台。到 1970 年以后，大中型拖拉机及手扶拖拉机每年增加百台左右，1979 年，全县拥有大中型拖拉机 893 台，1990 年有 1501 台。除此以外，在大兴的土地上，还有了谷物播种机、棉花播种机、玉米播种机、水稻插秧机、小麦割晒机、小麦联合收割机、玉米联合收割机等。1955 年，大兴县机井装配单级叶轮泵，全县投入使用水泵 73 台，电动机 81 台。伴随着农业机械化的普及，化肥、农药也开始使用。

全县的大集体土地经营模式一直到 20 世纪 80 年代初，伴随着改革开放，生产责任制的实行才结束。

改革开放，农村开始家庭联产承包

1978 年以后，以党的十一届三中全会为标志，我国展开了一场旨在矫正重工业优先发展的传统经济发展战略及与其相适应的计划经济体制的改革。从农业方面看，主要采取以下措施：改革生产经营管理体制，推行家庭联产承包责任制，显著增加农业投资，较大幅度提高农副产品收购价格，压缩平价收购农副产品的品种和数量等。这一阶段，既是国民经济恢复、整顿和发展的转折阶段，同时也是经济体制改革的初步探索阶段。调动农民的生产积极性，迅速发展农业生产，是初始阶段农村改革发展的主题。

党的三中全会《关于加快农业问题的决定》，提出了恢复和发展农业生产的 25 项农业政策、农村经济政策和措施。一方面强调保障农民的生产自主权和选择权，加强农村基层的经营管理；另一方面使农民在分配方面开始实现多劳多得，并且对自己的劳动所得有了更多的支配权。

农村改革首先从改变农村的基本经营制度开始，在推行"包产到户"和"包干到户"等责任制形式的基础上，逐步形成的家庭联产承包责任制，是农村改革初期的核心内容。"大包干"，就是农户对承包土地上的产出，不必再交由集体组织去搞统一核算和统一分配,而是直接承担起每份承包土地应向国家交纳的税收和收购任务,并向集体组织交纳土地的承包费。"大包干"没有改变农村土地集体所有的性质,但破除了在农业生产中滋生平均主义"大锅饭"的所谓集中劳动、统一核算和统一分配体制,使农户的经营自主权得到充分的保障。因此,大包干最受农民的欢迎。

从 1982 年元旦起,中共中央连续五年的元旦印发了 5 个"一号文件"指导农村改革,农村的家庭联产承包责任制得到基本确立,使农民在生产生活中真正成为大地的主人。家庭联产承包责任制改革,是新时期中国农村最重要的制度变革,也是 80 年代农业实现高速增长的最主要的原因。随着家庭联产承包责任制的不断推广,农户实际上成为生产经营和效益核算的基本单位,与"三级所有、队为基础"的体制产生了尖锐的矛盾。

1983 年 10 月,中共中央、国务院发出了《关于实行政社分开建立乡政府的通知》,提出,当前的首要任务是把政社分开,建立乡政府。同时,按乡建立乡党委,并根据生产的需要和群众的意愿逐步建立经济组织。1984 年 5 月,大兴全县成立了 1 区(红星区)1 镇(黄村镇)26 乡。通过以上改革,广大农民作为农村经济主体,摆脱了过去体制机制上的一系列束缚,迎来了新的发展时期。农民的生产积极性空前高涨,农村经济实现全面发展。

1998 年,随着首都经济的发展,大兴县开始合乡并镇工作,由原来的 27 个乡镇合并为 14 个镇。2001 年 1 月 9 日,国务院批复同意北京市撤销大兴县,设立大兴区;3 月 2 日,北京市人民政府发出《关于撤销大兴县设立大兴区的通知》;4 月 30 日,大兴隆重举行庆祝北京市大兴区成立大会暨揭牌仪式。

贰

第二章
历史蜕变

农耕时代的生产生活方式，总给人一种田园诗歌般美好的印象。然而，事实上并不代表农耕文明就是符合生态文明的。农业的发展是以改变自然面貌为前提的。随着人口的增长，农业生产活动必然毁林开荒，导致土壤结构被破坏、水土流失、土地沙漠化，农耕文明将面临发展的极限。而这个极限，就是生态环境所能承受的极限。农业文明转而走向生态文明，是历史的必然。这是一种历史性的蜕变。

第一节　蜕变，从土地综合治理开始

让绿色覆盖荒凉

大兴区地处华北平原东北部，全境均为永定河洪积—冲积平原，频繁的洪水冲积，这里的土壤熟化程度低，自然积累少，沙土地面积大，风沙、盐碱、春旱、夏涝长期危害严重。在新中国成立初期，大兴区农业经济基础薄弱，生产环境恶劣，受永定河长期摆动和决口的影响，这里的沙质土地占总土地面积的61%之多，是北京五大风沙危害区之一。

新中国成立后，大兴为巩固农业基础地位，坚持不懈地进行平地固沙、综合治碱和修渠凿井为主的农田建设，取得了显著成效。

《大兴县志》中有这样的记录：大兴1949年全县沙丘、沙地面积约为40万亩，其中较大沙岗、沙丘600余个，高于5米的沙丘50多个，高于10米的15个，最高的达17米。主要集中在黄村镇的大庄周围至北臧村乡的天宫院，西红门镇西北，北臧村的桑马坊、皮各庄等处。因此，治理旱、涝、碱和风沙是发展大兴农业的前提。

1955年起大兴县发起平丘开荒运动，至1958年，黄村、芦城地区平除沙丘780亩，开荒5000余亩。平整后的沙地部分垫进胶土，土壤得到改良。1961年天堂河农场成立，至1964年大庄周围旧称"十八套"的沙岗、沙丘全部采完。1973年全县动员10万劳动力进行农田基本建设，重点对斜坡地、罗锅地、驴槽地和沙丘、沙岗进行大规模的平整，并配套建设了排灌工程、防护林，绝大多数沙丘得到了治理。1988—2000年，总计开发沙荒13.5万亩，增加9.9万亩有效灌溉面积，累计增产粮食 2700 万公斤。地处沙丘地带的 63 个穷村，成为"一村一品"的专业村。

20 世纪 50 年代，大兴有盐碱地 37 万亩，占当时耕地总面积的 31%，主要分布在永定河堤外洼地和瀛海、金星、安定、青云店、垡上、榆垡等乡镇的部分村庄。1950 年后大兴以治理旱、涝、碱为主，1954 年开始发展稻田，改造低洼易涝盐碱地（简称洼改）。1970 年以后，实行田、渠、井、林、路统一规划，旱、涝、碱、风沙综合治理，农用机井达到 9000 眼左右。同年基本实现粮食自给。大兴在改造生态环境的同时，逐步迈出了与生态环境和谐发展的步伐，逐渐让农业发展适应环境，引导农业发展走上了绿色生态之路。2000 年大兴有耕地 76.4 万亩，人均 2.05 亩，居北京市郊区县第一位。

综合治理使大兴农业发展环境得到了明显改善，曾经荒凉的土地逐渐被绿植、农田覆盖。此外，为大力推进农业发展，大兴在新中国成立后还开始兴修水利。1949 年，大兴全境基本为旱田，仅有水田和水浇地 2.7 万亩。经历年修渠凿井，到 1990 年，大兴农田已有水田和水浇地 80.59 万亩，占全部农田面积的 89%。当时，在所有的灌渠建设中，永定河灌渠最长，自卢沟桥引水干渠，南至辛庄，又延至曹辛庄，全长 50.82 公里。

夯实农业发展根基

解放初期，大兴农业生产水平极低，长久以来，农民在沙丘间的牛槽地里耕作，是使用落后工具以手工操作的传统农业，种不保收。新中国成立初期，全区林木覆盖率仅 0.8%，风沙、盐碱、旱涝等自然灾害频繁。并且农业结构单一，以种植业为主。1949 年，种植业产值占农业总产值的比重为 87.2%，牧业只占 0.88%。种植业中以粮为主，粮经面积之比为 78:22。全区农业总产值不足 3 亿元，粮食耕地亩产只有 32 公斤，农业人口人均占有粮食 140.8 公斤，生产不足消费，农业只维持简单再生产。

新中国成立后至改革开放前，大兴县委、县政府带领全县人民艰苦奋斗。取得的成效有：改造自然，治沙治水，加强基础设施建设，调整农业结构，提高生产力水平，连续平掉了 3000 多个大小沙丘，由旱作农业变为灌溉农业，引水、蓄水相结合，开荒种稻，对低洼易涝盐碱地进行了改造；改革了粮食耕作制度，复种指数提高；增加了化肥使用量，从 1950 年开始发展农业机械，促进了粮食增产。1977 年，粮食总产量在粮田面积减少 25.5 万亩的情况下增长了 4.64 倍，农业人口人均占有粮食 450 公斤，基本实现了温饱；瓜果蔬菜等经济作物有所发展，全区总耕地面积 92.3 万亩中，粮食占耕地 67.4 万亩，蔬菜占 4.3 万亩，西瓜占地 2 万亩，油料播种面积 4.3 万亩，粮经面积之比为 73:27；养猪业得到快速发展，年出栏商品猪 16.4 万头，户均养猪 4.59 头，牧业产值已占到农业产值的 23.1%，农业结构由单一粮食生产转为粮、猪型结构。

一条条灌渠引入农田，水患减少了，农田得到了滋养，大兴全境铺满了农田林网：万亩生态林、沙荒地上的速生片林、梨园盛景、千年古桑园、瓜园风光……大兴的"绿海田园"一步步走入人们的视野。绿色农业成为大兴发展的主要产业。1987 年大兴制定并实施第一个五年生态农业建设规划，农业开始走上了新的高速路。

第二节　农业进入快速发展期

农业生态环境大为改善

自 1980 年起，大兴农业进入高速增长期，出现了持续、稳定、高速、协调发展的局面。农业总产值从 1980 年的 3.6 亿元快速达到了 1995 年的 14 亿余元。这一时期，农业呈现出新的特点。

这一时期，大兴为更好地打好农业发展基础，大力治沙、治水、治理大环境。在治沙上，建成网、带、片、点四位一体完善的防护林体系，98% 的农田实现林网化，开发沙荒地 13 万亩，1999 年全区林木覆盖率达 25.59%。初步形成以落叶树为主，落叶树和常绿树相结合；以防护林为主，防护林、经济林、景观林相结合的树种结构，不仅有效地控制了风沙危害，而且林业还成为对外开放、发展经济的重要窗口。开发了林业旅游资源，在林地基础上建起了半壁店森林公园和榆垡野生动物园等一批观光旅游景点。植树造林、开发沙荒地有效控制了风沙危害，改善了农田小气候，冬春境内风速降低 40%，扬沙日减少 34%，冰雹、干热风等灾害性天气明显减少，强度降低。治水上不断建设、完善与提高节水、回补、除涝"三位一体"水利工程。永定河大兴段 62 公里堤防全面得到整治，区域内 13 条骨干河道，全长 243.6 公里，全部疏挖治理 1~2 次，400 多公里的乡级骨干排沟年年得到整修，相继兴建配套节制闸 103 座，路桥 604 座，排涵 282 处，扬水站 4 处，河道防洪标准基本达到二十年一遇。

届时全区有效灌溉面积发展到 73.9 万亩，其中，节水灌溉面积 35.7 万亩，旱涝保收面积 58.65 万亩，在庞各庄还建成了北京市第一个规划面积 7000 亩的国家级高标准节水示范区，一期工程已通过国家验收。在节水的同时，在排水河道节节拦蓄降水地面径流，回补地下水，抑制了地下水位连续下降的危险发展趋势。在治理大环境上，通过推广科学配方施肥技术、推广生物农药和综合治理病虫害技术，推广沼气、有机肥等措施，控制农业环境污染，大力开发绿色食品。1999年，全区共有11个品种的农产品及其加工产品成为绿色食品生产基地，计2.29万亩。1994年，被国家七部委确定为全国第一批50个生态示范县之一。

农业结构日趋合理

改革开放后，全区农业以发展商品经济、富裕农民为目标，按照"立足资源、面向市场、扬长避短、发挥优势"的原则，先后进行了三次农业结构调整。第一次是在80年代中期，以种植业为主进行了调整，发展西瓜、蔬菜等经济作物，变粮食单一结构为粮食作物和经济作物的二元结构；第二次调整是80年代后期到90年代初期，在巩固、提高第一次调整成果的基础上，重点调整农、林、牧结构，大力发展畜牧业、果树、林业；第三次调整从1994年开始，根据中共中央和北京市委市政府提出的发展"高产、优质、高效"农业的方针，从我区实际出发，按照"稳定粮食、突出瓜菜、提高果牧、兴特造龙"的原则，进行了种、养、加结构调整。

种植业上进行了"一稳三增"为重点的结构调整，即稳定粮食产量，增加菜、瓜、果面积。通过对中、低产田改造。实施吨粮田工程，使粮食产量大幅度提高，在粮食种植面积减少的情况下，1999年粮食产量比1977年增长了69.6%；1994年大兴区政府提出了"三乡、两带、十个千亩园"工程，即黄村、芦城、礼贤3个蔬菜专业乡，魏礼路、青长路2个蔬菜带，10个千亩连片高标准蔬菜园为重点的"南菜园"建设，增加了常年菜田，发展了季节性菜田，尤其大力发展了保护地蔬菜，常年菜田由2万亩增加到10.8万亩，保护地从无到有，现已发展到4.8万亩。

西瓜是大兴的名特优产品。为再造西瓜优势，扩大西瓜生产面积，在增加西瓜面积的同时，从1993年开始，还适当发展甜瓜，最重要的是西瓜发展经历了由资源优势到经济优势再到品牌优势的三大重要转化，西瓜已成为大兴农业的代表。

庞各庄西瓜成为享誉全国的知名品牌，以西瓜和林业为背景提出的"大兴绿甜战略"和大兴西瓜节推动了全区经济的发展。果品生产通过开发沙荒地，大力发展了梨、桃、葡萄。通过上述发展，1999 年，全区 78.46 万亩耕地中，粮食作物占耕地面积为 44.9 万亩，菜 15 万亩，瓜 6.7 万亩，粮经面积之比达 57.2:42.8，另有果树 16.1 万亩。

畜牧业发展过程中，经历了农户个体小规模养殖—规模养殖—家庭养殖的发展阶段，畜禽结构有了很大变化，由以猪为主变为以猪、鸡为主，多品种共兴的合理结构。进入 20 世纪 90 年代，大力发展猪、鸡、牛、羊，90 年代后期又大力鼓励发展以家庭经营为主的多种养殖业，獭兔、鸽子、狐狸等特种养殖迅速发展。1999 年，全区畜禽养殖品种已达 34 个，其中特种养殖品种 25 个。全区共有家庭养殖专业户 22604 户，畜禽产品产量也大幅度增长。

农产品多种经营丰富了首都市场，使大兴区成为北京市农副产品生产基地，该区生产的蛋、奶、菜、瓜位居京郊第一位，水果位居第二位，生猪位居第三位。

在当时农产品买方市场的形成和发展形势下，全区力促农业由数量、速度型向质量、效益型的转变，大力促进设施农业、精品农业、创汇农业、种子农业、加工农业六种农业的发展。1999 年，全区保护地设施面积 4.8 万亩，种子农业、精品农业分别创产值 3607.3 万元、17542.6 万元，已注册商标的农产品及其加工产品达 20 个。农产品出口创汇 1289.8 万美元，农产品加工增值率达 61.3%。以观光旅游为主导，重点规划实施了永定河现代农业示范区，1999 年，全区观光旅游收入达 4707.5 万元。

农业生产实现集约经营

农业技术装备水平不断提高，设施农业快速发展；农业技术成果转化速度明显加快，成效显著提高；农业专业化生产初具规模，农业产业化经营起步良好；农业服务体系建设日趋完善，农民专业合作组织初显活力。

以提高农机配套水平、增加节水设施、发展保护地栽培、实现规模化养殖为重点，大力提高了农业技术装备水平，农机装备总量从零开始，逐步提高，农机总动力已达 58.5 万千瓦，农机固定资产总值达到 2.9 亿元。粮食生产基本实现了全过程机械化，全区机耕率达 100%，小麦机播率达 100%，小麦机收率达 99%，机施化肥、机械喷药、秸秆粉碎还田率达 80% 左右。

此外，露地菜田耕地作业、规模猪场、大中型蛋鸡场和水产养殖等主要生产环节，也保持了较高的机械拥有量和作业水平。铺设地下输水管道 3173 公里，安装喷灌 1200 套，节水灌溉面积达 35.7 万亩。以塑料大棚和日光温室为主的保护地建设迅速。以半机械化养猪为重点，全区建起了出栏千头以上的规模猪场 230 座，在规模猪场推广了"三个自动、四段喂养"新工艺，即自动喂料、自动饮水、自动排污三个自动；母猪妊娠、产房、仔猪、育肥四段喂养，全区规模猪场进入现代化、规范化管理的新阶段。

农业技术成果自 1983 年以后进入一个高速转化时期，作物品种的更新换代加快，小麦品种 15 年更新了 5 代、吨粮田配套技术、温室大棚蔬菜配套技术、西瓜延长上市期配套技术等 100 多项实用技术和配套技术都已在生产中普及推广，还引进了植物转基因、航天育种等一批农业高新技术，种植业的科技贡献率已达 51%。实施了一批星火计划。建立了青云店东店植物基因工程新种源基地、庞各庄千亩西甜瓜试验示范基地等一批科技密集型生产、示范基地。为了加速农业技术推广，自 1987 年起，我区坚持推行农民"绿色证书"培训制度，到 1999 年，全区已有 23685 名农民拿到"绿色证书。1996 年开始又进行了农民专业技术职称评定，有 1333 名农民取得了市级技术员、技师职称，有 631 名农民取得区级技术员职称。

伴随农业结构调整，专业化生产水平逐步提高。改革开放后，农民发展商品生产的积极性提高，出现了一批种植专业户，继而发展成专业村。上世纪 90 年代初，大兴区委、区政府在充分调研的基础上，提出了建设 200 个专业村工程，1995 年又提出了 100 个专业村提高工程，并从政策运作、资金投向、市场引导等多方面向专业村倾斜，有力地促进了专业村的发展，专业村总数达 218 个。专业村的发展促使大兴区逐步实现了在家庭承包、分散经营基础上的区域化布局、规模化经营和专业化生产。形成了一批具有区域特色的农产品生产基地，如庞各庄镇万亩西瓜、采育镇万亩葡萄、庞各庄镇万亩"金把黄"鸭梨等规模生产基地。

为解决农业组织化程度不高、比较效益偏低、自我发展能力弱等问题，1994年大兴区以"公司＋农户"等形式出现的农业产业化经营开始起步。1997区政府组织制定了《大兴区农业产业化经营发展纲要》，确立了"1997—2000年重点突破打基础，2001—2005年合理调整定大局，2006—2010年配套定型成大势"的三步走战略，经过几年发展，已初步形成一批市场带动、加工企业带动、中介组织带动、科技带动四种类型的农业产业化经营项目。

农业社会化服务体系建设日趋完善。伴随农业经济发展的多元化，农业社会化服务主体也出现了多元化发展的格局，在各类150多个农技推广服务站的基础上，各类农民专业协会、涉农企业和公司、中介服务组织先后加入农业服务的行列，在积极推进农业产业化经营的同时，出现了一批农业向第二、三产业延伸颇具活力的载体——农民专业合作组织。1999年，全区有各类农民专业合作组织168个，带动农户27494户，实现收入4.3亿元，成为一道架起农户与市场产销之间的桥梁。

黄村镇前辛庄村收割麦子

第三节 农业发展呈现崭新活力

绿甜战略，开辟特色农业新天地

大兴农业在 20 世纪 80 年代后期至 90 年代中期的整体发展战略统称"绿甜战略"。该战略主要内容为依据大兴优势，重点发展绿（林业）甜（瓜果）。该战略于 1987 年年底提出，1988 年经县第九届人民代表大会第三次会议确立。在"绿甜战略"推进的同时，大兴还开始推行适度规模和产业化经营，其间，又经过 3 次农业结构调整，农业一步步成为大兴发展的主要产业。1994 年，大兴被国家六部委（农业部、林业部、计划委等）确定为全国生态农业试点县，初步形成以农、林、牧为框架，多层次、开放型的城郊型生态农业体系。2000 年被评为京郊发展六种农业（设施农业、籽种农业、精品农业、加工农业、创汇农业、观光农业）第二、三产业先进县。

"绿甜战略"可谓开启了大兴农业发展的新天地，加快了农业种植业结构的调整，改变了粮食作物和经济作物为主的农业二元结构，形成了粮、菜、瓜、果等八项主导产业为主的多种经营结构。在"绿甜战略"实施过程中，大兴采取了各类措施推动农业的多元化发展。1988 年 6 月 28 日至 7 月 2 日，大兴举办首届西瓜节，以瓜为媒、广交朋友、宣传大兴、发展经济。瓜节期间，举办商品展销、经贸洽谈和"瓜乡一日游"等经济文化活动。同时，开辟绿色景点，重点建设万亩生态经济林、野生动物园和濒危动物中心等景区。一项项措施、一次次探索，大兴在发展过程中始终坚持绿色、生态，大力提升了区域内的生态环境。

"绿甜战略"的实施，让大兴凭借西瓜迅速打响了知名度，西瓜则成为大兴

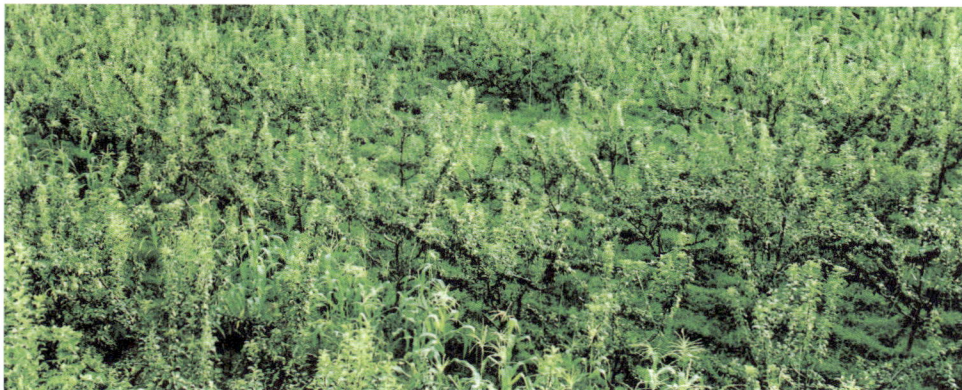

魏善庄千亩梨园

一张经久不衰的绿色名片。

1994 年 11 月，北京市政府确定大兴县为首都"南菜园"，并于 1995 年开始实施"南菜园"工程，重点建设"三乡、两带、十个千亩园"，即建设 3 个蔬菜专业乡，2 个蔬菜生产带，10 个面积超过千亩以上的大型菜园。这一工程的实施让大兴真正成为人们眼中的绿海田园，成为首都的南菜园、重要副食品生产基地和粮食主产区。

由此，大兴的农业生产发生了很大的变化。由于农民对土地拥有了所有权，可以根据自身情况进行自由调整、流转，同时出现了规模化经营。农业生产也不仅仅限于粮食生产，开始多种经营。很多专业村出现了，影响了整个镇的生产规模，比如，庞各庄的西瓜、礼贤的特种蔬菜、黄村芦城的韭菜、采育的葡萄、青云店的大葱等几乎成为市场营销的品牌，还出现了特色农业、设施农业、农业观光旅游等。大兴的农业发展逐渐找到了新的道路。

🌿 精品特色，增添农业发展新活力 🌿

2000 年以后，全区认真贯彻中央关于"三农"若干问题的决定，积极推进农业产业结构战略调整，以"因地制宜出特色，发挥优势创一流"为原则，以农民增收为主线，实施"兴果富民""兴牧富民"两项工程，完善农产品安全和标准化两个体系，扩大产业和市场两个延伸，建设都市型现代农业，精品农业，为农村特色经济发展增添了新的活力。

"兴果""兴牧"工程促进了农民致富。"兴果富民"工程通过推广网架栽培、平衡配方施肥、果实套袋等综合配套高效技术，配套果品冷藏库、节水灌溉设施、选果机、安全检测等先进的设备，实施标准化生产体系，建立标准化生产示范园，引进果树名优品种等综合措施的实施，促进了果品产业升级，果品优质率达到了近90%，精品果的比重达到了50%以上。完成果树高接换优3.5万亩，引进丰水、黄金、爱甘水等优新品种梨70余种，引进其他果树名优品种100余种，建成果品示范园区10个，全区5万亩精品果生产基地通过无公害食品认证。

"兴牧富民"工程建设中，积极实施了"政企"和"院区"合作，与北京市三元集团公司在科技、种业资源上进行了充分合作，大力进行了奶牛胚胎移植、奶牛选育选配、体形外貌鉴定、建立奶牛谱系档案等工作。还与中国农科院在畜牧养殖、疾病防治、兽药研究、牧草种植和技术培训等方面进行了充分合作，整

榆垡五彩向日葵种植基地

体提升了全区畜牧业水平。经过四年多建设，已初步形成了区域化布局、规模化养殖、标准化生产、产业化经营和无疫化管理的畜牧业发展新格局，逐步形成了奶牛、肉羊、肉牛、生猪、肉鸽、肉鸡和肉鸭六大主导产业群体。载畜总量居京郊前列，奶牛、生猪、肉羊存栏居京郊首位，畜牧业产值占农业产值的比重达到了 50% 以上。

农业产业结构调整向纵深发展。突出品种、品质、品牌，积极实施品牌战略，统一注册了"大兴西瓜"品牌和"大兴农业"商标，并统一包装，扩大"大兴"品牌效应。大力发展精品农业、设施农业、种子农业、观光农业、创汇农业，发展了盆栽瓜、印字瓜、造型瓜、生肖瓜、玻璃艺术瓜及甘薯、桑葚等特色性、唯一性产品，建设了瓜果菜设施种植面积 6.5 万亩。开发了农业生态、生活的新功能，建成市级民俗旅游接待专业村 4 个，市级民俗旅游接待户 248 户，建设高标准观光农业园区 45 个，2004 年全区接待旅游人数达 295 万人次，实现旅游收入2.82 亿元。目前已建有农产品加工配送企业百余家，全区已建成出口菜基地 3 万余亩，产品远销中国香港及新加坡市场。

延伸了产业链条和扩大了销售半径。大力发展农业产业化经营，通过促进农产品加工、销售龙头企业和农民专业合作经济组织的发展，带动了农业结构调整和农民增收。全区的农产品加工企业已发展到百余家，其中，国家级产业化龙头企业 1 家，市级产业化龙头企业 3 家，共带动基地面积 9 万亩，带动农户 3 万户。

2003 年成功申办了全市唯一一家国家级农产品加工园区"北京大兴榆垡农产品加工基地"。农民专业合作经济组织和行业协会已发展到 99 家，实现年销售收入 5 亿元，带动农户 6 万多户。2004 年，通过农商联手，成立了"大兴区农副产品流通协会"，利用商业流通资源拓宽了农产品销售渠道；同时，加大了对农民经纪人的培训力度，已培训 205 人，活跃在京、津大城市和东南亚市场，进一步扩大了农产品销售半径。

食用农产品安全和标准化体系建设成效显著。为提高农产品质量，保证食用安全，大兴区在大力引进推广特色农产品、发展唯一性农产品和注重农业新技术的同时，更加注重农产品的安全卫生。推广了粘虫板、高压汞灯诱杀技术、防虫网覆盖技术和以菌治虫、以虫治虫等生物防治技术。目前大兴区已建设各类市级安全农产品生产基地95个，已建市级标准化示范基地73个。已建大兴西瓜国家级示范区，获得国家级农业标准化示范区先进单位，成功申报了葡萄、精品梨、奶牛3个主导产业国家级示范区。此外，区政府加大力量投资建设了"大兴区农产品质量检测中心"，加强了农业生产投入品的管理，保证了从地头到餐桌的农产品安全生产。

发展农业文化培育了新的经济增长点。大兴注重农业文化的发展，以"以瓜为媒、广交朋友、宣传大兴、发展经济"为宗旨，举办了28届西瓜节，向世人展示了大兴人倡导农业文化的发展理念，促进了大兴经济的发展。此外，大兴还先后举办了梨花观赏节、采育葡萄文化节、安定桑葚文化节、"春华秋实"系列活动，促进了农商联手，拉近了城乡距离。不仅宣传了农产品的品牌，也促进了生态旅游的产业化发展。来大兴采摘的游客不仅可以欣赏绿海甜园的美景，还可以亲自动手采摘西瓜、精品梨、葡萄、蔬菜等。

优化结构，提升区域环境

在以往基础上，大兴近年来围绕"高效一产、特色一产、环境一产"的产业定位，以"节水富民、提质增效"为目标，坚持"量水发展、生态优先、提质增效、农民增收"的工作原则，制定了《北京市大兴区农业结构调整工作意见》。经过规划，大兴农业产业将逐渐实现"东粮、中菜、南果、北绿"的整体部署。

这一总体布局为全区各镇的发展指明了发展道路。针对东部采育镇、长子营镇、青云店镇以及安定镇部分地区这些水资源相对丰富区域，将集中安排布置粮田；中部庞各庄镇、魏善庄镇以及安定镇和北臧村镇的部分地区产业基础较好、交通较便利，要稳定菜田面积；南部榆垡镇和礼贤镇，该区域通过合理分布果树、林地，沿永定河观光带、机场周边，形成生态涵养区；北部旧宫镇、西红门镇、瀛海镇和亦庄镇，重点为六环路以北，结合一、二道绿隔建设布局园林绿地，进一步美化区域生态环境。

在农业产业结构调整工作推进过程中，大兴以新机场周边流转土地利用为切入点，重点优化超采区农业结构布局，突出"调优、调精、调特、调活"，推动区域农业实现可持续发展。

在"调优"方面，大兴全面加强农林水的协调发展，优化农业产业结构、规模和布局，提升资源利用水平。推进林果圃结合，强化机场周边、廊道、河道等重点区域的生态覆盖；推进设施节水、农艺节水、机制节水、科技节水，提高雨洪和再生水利用水平。在"调精"方面全面提升农业发展质量。开发生态功能、文化功能，诠释城市"乡愁"，完善服务体系，推动农业的生产、生活、生态和示范功能的协同发展，服务大兴新城、亦庄新城和新航城，促进农业与都市深度融合。提升建设一批规模较大、功能完善、设施配套、科技领先、产出高效的现代农业园区，深入推动三次产业联动，引领带动农业的产业化、高端化和现代化发展。"调特"即坚持发展特色一产，借助国际性展会及传统节庆活动平台，进一步做强西瓜、梨、月季等特色产业品牌，引导新型消费理念，实现产品推广、人力资源和投融资的市场化，并积极发展休闲观光农业、生态景观农业、科技创新农业。"调活"则指从要素驱动转向改革创新驱动。转变生产经营方式，发挥首都科技人才密集优势，加强科技成果的集成和转化应用。强化体制机制创新，积极发展多种形式的适度规模经营，培育新型农业经营主体，同时引导土地承包经营权向新主体流转，支持创建农民专业合作社联社和农民参股的混合制农业产业化龙头企业，构建产供销一体化、贸工农相衔接的现代产业体系。

经过调整，全区农业结构将得到进一步完善。高耗水作物逐步退出以后，高标准粮田稳定在8万亩，初步实现规模化种植；稳定菜田面积15万亩，围绕市政府"菜篮子"供应，打造特色化"首都南菜园"；西甜瓜种植保持在5万亩，发挥自然资源、主导品种、科技成果转化等优势，提升大兴西瓜品牌效应；建成高标准果园10万亩，其中新建和更新密植果园2万亩，改造现有果园8万亩，形成大兴特色果品供应的产业链；形成区域林地及四旁树（农村地区）面积42.7万亩，林木绿化率达到30%，初步实现大绿大美的景观效果；畜牧水产业控制新增规模，疏解现有总量，提高养殖水平。生猪年出栏量调减1/3，稳定在33.5万头左右。肉禽年出栏量调减 1/4，稳定在 433 万只左右。水产养殖面积稳定在 2300 亩左右，推广工厂化、温室循环、标准化节水池塘养殖和生态养殖；按照"地下水管起来、雨洪水蓄起来、再生水用起来"的原则，全面推进农业节水、提高用水效率，明确设施作物年用水量控制在 500 立方米 / 亩左右，大田作物年用水量控制在 200 立方米 / 亩左右，果树年用水量控制在 100 立方米 / 亩左右。林地、绿地、农村生态环境用水以雨洪水、再生水为主。到 2020 年，实现农业用新水量 1.1 亿立方米，全区农业用新水量降低约 30%，节水 4000 万立方米。

在农业产业机构调整工作上，通过政策整合、科技支撑、改革创新、组织保障等举措，加快调整农业结构，转变农业发展方式，保障相关工作的落实，从而进一步强化农业基础地位，不断提升农业核心竞争能力、生态涵养能力、城乡服务能力，为加快新型城镇化进程和建设宜居宜业和谐新大兴提供有力支撑和坚实保障。

叁

第三章
现代农业

农业解决温饱问题，但传统耕作模式很难致富，化肥和农药的大量使用对生态环境造成很大影响。现代农业在朝着精品农业、生态农业、观光农业方向发展，将农业与第三产业相结合。另外，随着农村人口结构的变化，规模化设施农业成为必然趋势。近些年来，大兴农业正是在这样的道路上不断加大投入，成就显著。这些成就，不仅帮助农民致富，同时也在传统农业大区的生态养护方面摸索出了一条新路。

第一节 新理念塑造生态农业

向都市型农业迈进

大兴区顺应都市型现代农业多种功能的发展趋势,战略性调整农业结构,突出农业的生态功能、城市应急保障功能、科技示范功能和体验功能,全面提升了农业的多重价值。

"十二五"时期,大兴区都市型现代农业以服务大兴新城、亦庄新城、新航城"三城"建设,服务第二、三产业发展,服务中高端消费市场为核心,通过战略性调整农业结构,拓展农业功能,延伸产业链条,强化产品安全,深化农村改革,加快转型升级,重点发展环境农业、高效农业和特色农业。做强蔬菜、西瓜、果品、甘薯、花卉五大产业,大兴区都市型现代农业建设取得了令人瞩目的可喜成就。

一是生产价值增加。重点实施了"菜篮子"工程、农产品质量安全工程、农业基础设施建设工程,巩固了首都"南菜园"的优势地位,全区蔬菜、西瓜、牛奶等生鲜农产品产量持续多年位列全市首位,成为北京市最大的"菜篮子"基地。

二是生态功能增强。重点实施了景观农业建设工程、低碳循环农业工程、农业节水灌溉和再生水利用工程、平原造林工程,美化了农业、农村环境、减少了农业面源污染、节约了水资源、增加了林木绿化率,农业生态服务价值年均增长率超过2%。

三是生活价值提高。重点实施了观光休闲农业工程,打造了永定河绿色生态发展带、庞采路都市型现代农业产业带相交形成的"T"字形观光产业带,建设了一批集农业生产、观光采摘、餐饮娱乐等多功能于一体的农业观光园，促进了农业向旅游产业的功能拓展。

四是科技示范功能提升。重点实施了科技助农工程、数字农业工程、农产品加工及流通工程，推动了设施农业、合作农业、休闲农业、创意农业的高端、高效和高辐射，成功争取了 2016 年世界月季洲际大会落户大兴。

2014 年，大兴区实现农林牧渔业总产值 63.2 亿元、比上年增长 3.3%，占北京市的 15.04%，位居北京市第 2 位。农、林、牧、渔、服务业比重发生明显变化，其中农业占比稳步提高，林业占比大幅度增加，畜牧业占比明显减少。

🌿 发展方式明显转变 🌿

为帮助农民打开市场，大兴区充分发挥龙头企业、合作组织的市场带动作用，大力发展订单农业，开拓销售渠道，最大限度帮助农民销售农产品。

农民合作组织在连接农产品产、供、销环节，衔接市场与农民，实现资源共

都市型农业

享、互通信息、风险共担等方面发挥了重要作用，通过标准化生产、品牌化经营、企业化管理，大兴农民合作组织把服务渗透到从生产、技术推广到流通的全过程。还建立了农业信息网，为农民搭建一个集农业产前信息引导、产中技术服务和产后农产品销售于一体的综合农业信息服务网，架起了农民与市场、专家之间的桥梁。

为最大限度地减少农民的损失，防止农民"因灾致贫、因灾返贫"现象的发生，大兴区按照"政府推动、农户自愿、规范运作"的原则，逐步扩大农业保险险种和服务范围，从单纯的西瓜和梨扩展到果品、蔬菜、葡萄、温室大棚等。

为适应都市型现代农业优质、安全、高效的发展要求，大兴区持续优化生产要素配置，创新经营管理模式，积极推动农业发展方式转变，有力提升了农业的市场竞争力。

● 一是规模化发展初见成效。

加快推进规模化布局、园区化建设、标准化生产，提高了农业的劳动效率。到 2014 年，全区建成粮食高产创建示范方 8 个、无公害标准化生产基地 212 个、各类农业园区 155 个，规模化经营土地面积达到 12.7 万亩。

● 二是组织化程度明显提高。

坚持家庭经营的基础性地位，引导土地经营权有序流转，积极培育壮大新型农业生产经营主体，提高了农业产业化水平。到 2014 年，全区培育农民专业合作社 673 家，其中国家级示范社 12 家、市级示范社 2 家，带动农户 8.38 万户，实现年销售收入 15.59 亿元；培育市级以上农业龙头企业 14 家，其中国家级龙头企业 2 家，实现年销售收入 32.62 亿元。

● 三是农产品质量安全水平显著提升。

率先在全市完成农产品质量安全监管系统建设并开展应用，

发展方式转变

农产品质量安全抽查合格率处于全市领先水平，被北京市首批认定为"北京市农产品质量安全监管优秀区县"，被农业部认定为西瓜和蔬菜"全国农业标准化示范县"，"大兴西瓜""安定桑葚"、庞各庄"金把黄"鸭梨成为国家地理标志保护产品。

产业链条持续延伸

"十二五"期间，大兴区积极发挥第二、三产业对一产的带动和支持作用，挖掘产业之间关联发展的放大效应，初步形成了农村三次产业相互促进、协调发展的良好格局。

● 一是乡村旅游蓬勃发展。

依托蔬菜、西瓜、葡萄、梨、桑葚、月季等农业资源，以及民俗乡土文化，大力推进以郊野游览、观光采摘、乡村度假、美食品尝、农事体验、文化娱乐为主要内容的乡村旅游，形成了大兴西瓜节、庞各庄梨花节、安定桑葚文化节、采育葡萄节、春华秋实等一系列独具

大东观光园

区域特色的四季农业节庆活动，促进了农业与旅游产业融合发展，提升了农业品牌效应。到2014年，全区打造了120个农业观光园、16个市级民俗旅游村、8个北京最美乡村、2个全国农业旅游示范点，农业观光园和民俗旅游接待游客超过200万人次，实现总收入1.48亿元。

● 二是农产品加工快速增长。

积极推进桑葚、甘薯、葡萄、肉牛等特色农产品精深加工产业发展，增强了二产对一产的带动能力，拓展了农业产业链条。重点发展了绿康源食品科技发展有限公司、金维福仁清真食品有限公司为主的特色农产品加工企业，发展了美丹

食品有限公司、美全食品有限公司为主的食品加工企业，发展了北京秋实农业发展有限公司为主的副食品加工企业。2013 年，全区农副食品加工业、食品制造业和饮料制造业三项产值合计达到 101.3 亿元，比"十一五"末增长了 1 倍。

● 三是农产品流通更加高效。

着力推广了农超对接、农社对接、农餐对接等营销方式，组织农民专业合作社，依托大兴特色生鲜农产品，与华联、城乡等 200 多家门店实现了"农超对接"，并在全市 90 多个社区开展了"农社对接"，建立社区直销点，提高了农产品附加值。在全市率先创新了"一会一社一中心"经营体系建设，探索将全区农民合作社联合起来，统一标准、统一品牌、统一形象、统一平台，服务与辐射带动全区农民合作发展、共同提升、抱团闯市场。

🐟 生态环境质的飞跃 🐟

为了加强农业基础设施建设，财政投资向农村倾斜，带动农民筹资筹劳，鼓励社会资本跟进，形成多渠道、多层次、多形式的投入机制，有效地促进了农业生态环境质的飞跃。

重点实施农田水利改善工程、农田培肥工程、田园清洁循环工程和沟路林渠配套工程，提高了农业的综合生产能力、生态服务能力、景观服务能力。大力推进配套设施档次升级，提升了庞安路都市型现代农业产业带，实施了设施农业新建和改造工作，提高了设施农业的生产、生态、示范和抗灾能力。2014 年，全区设施农业用地面积达到 11.8 万亩，居全市领先地位。节水灌溉全面普及。2014 年，全区农业节水灌溉面积达到 59.58 万亩，占全部灌溉面积的比例达到 95％，农业灌溉水利用率处于国内领先水平。

在环境一产建设上，综合运用生态农业、景观农业、循环农业、节水农业、创意农业等多种措施，净化、绿化、美化田野，提升了农业的生态涵养功能。

环境质量明显改善。开展了田园环境整治，以各镇为主体，对农田、沟渠、河道、片林、农业园区和农业重点产业带两侧进行环境整治，初步达到了园净、场净、田净、林净、水净、路净的"六净"效果。

农业源污染得到防治。积极推广生态平衡施肥、绿色植保、标准化生产等绿色农业技术，逐步降低化肥、农药使用量。到 2014 年，16 家标准化生产示范基地被认定为北京市"菜篮子"工程优级标准化基地。

养殖污染排放达标。认真落实"十二五"主要污染物总量减排责任，积极发展循环农业、清洁生产，开展规模养殖场粪污治理。到 2014 年，建成沼气站 15 家，采用发酵床模式累计治理 54 家规模猪场，32 家养殖场采用了雨污分流治理模式。

绿化水平稳步提高。以平原造林工程为主要推动力，在绿色廊道建设、园林新市镇、新农村绿化、湿地保护、防护林更新改造等方面取得重大进展，初步形成了"一轴、两带、三环、多园、多廊"的绿地空间架构，林木绿化率从 2010 年的 25.5% 提升到 2015 年年底的 28%，全区生态保障功能不断完善，宜居宜业环境明显改善。

第二节　科技改变农业内生动力

院区合作，加快成果转化

院区合作是大兴区在探索都市型现代农业发展过程中形成的一种农业科技发展模式，即以科技支撑农业，以农业展示科技，强强联合，优势互补。在院区合作中，大兴区与中国农科院，北京市农林科学院等建立了良好的院区科技合作，中国农业科学院、北京市农林科学院配备了业务精干、勇于奉献的科技人才队伍，加速农业科技成果的转化。大量新品种、新技术引入大兴，为大兴区农民田间学校建设和农民培养提供了丰富的教学资源，同时，搭建了平台，把首都乃至全国最先进的科技成果引入农民田间学校的课堂。农民田间学校让农民在田间地头就掌握了知识、学到了技术，再运用到农业生产中，节约了成本、增加了收益。

据统计，仅"十一五"期间，大兴区在农业科技合作方面，通过院区合作引进的新品种、新技术达 390 余项。其中，与北京市农科院实施合作项目 15 个，与中国农业科学院达成了建设包括研究生院在内的 10 个综合研究试验基地的合作协议，实施合作项目 20 余项。

"十二五"时期，围绕蔬菜、西瓜、果品、甘薯、花卉五大主导产业，大兴区坚持强化科技支撑，提高农民素质，努力推进都市型现代农业的安全、持续、健康发展。

专家进行蔬菜种植指导

❧ 科技助农，提升发展水平 ❧

深化"院区合作"，以生产为导向，以项目为纽带，以发展为目的，围绕区域特色主导产业，积极引进推广新品种和新技术，增强农业产业科技水平。"十二五"时期，全区累计引进瓜菜薯新品种（品系）570个，重点推广品种面积20.5万亩；引进新技术82项，重点推广"穴盘育苗""大棚顶风口卷膜""双膜省工覆盖技术""西甜瓜蜜蜂授粉技术"等新技术，面积达20.8万亩。

加强农技推广体系建设，完成了基层农技推广体系改革工作，对全区14镇、区直农口10个事业单位的原有农技推广机构进行了改革和调整，明确了公益性职能，并将履行职能所需经费纳入财政预算。开展基层农技推广机构条件建设项目，争取国家、市、区资金为南部9镇农业技术推广站配备了126件专业仪器设备和144件办公设备，现已经全部到位并投入使用。

创新开展农技推广，选择我区特色主导产业——西瓜、蔬菜、生猪、奶牛，每个产业选聘1名首席岗位专家和一支推广团队，每年选聘70名岗位技术指导员，年均培养700名科技示范户，精心组织农业科技示范，推进农业科技创新，服务农业发展，取得了很好的成效。

❧ 气象服务，增强抗灾能力 ❧

建立气象、土壤监测体系，大兴区已经在14个镇建立了17个气象自动监测站和4个土壤湿度自动监测站，每6公里格距就有1个监测点，形成了气象灾害应急地面自动监测网。推行农业气象服务平台建设，"十二五"时期，为进一步降低各类灾害性天气给农业生产和农村生活带来的损失和不便，区气象局加快推行农业气象服务平台建设。开发了大兴区气象决策服务系统（网络版和手机版）已经投入使用，开展了农村气象灾害防御体系建设，及时为各级政府提供了指挥生产、防灾减灾、应对气候变化等方面的气象信息，为各类重点节庆活动、重大农事活动保驾护航。

分析预测，指导生产。农业气象预报，能够根据对气候变化趋势的综合分析，预测该气候特点可能对作物生长和农业生产的影响，并提出具体的生产建议，指导相关部门采取预防措施。2013年1月，大兴区遭遇持续性的阴雨、雾霾天气，尤其对设施农业的影响很大，棚内的气温较低，对蔬菜生长不利。针对此种天气，区种植业服务中心和蔬菜技术推广站人员通过田间指导，借助网络、电视和报刊等渠道提醒广大菜农通过提高地温、延长光照时间、降低棚内空气湿度和适量增施磷钾肥、生物肥、腐熟有机肥等措施，改善棚内气象条件，减少了不利天气条件对大棚蔬菜的影响。

农机优化，提高生产效率

"十二五"期间，区农机服务中心积极争取、落实农机购置补贴政策，累计补贴各类农业机械1837台套，保鲜库1.6万平方米，保温被5万平方米。

农机装备结构进一步优化。积极引进推广先进、适用、节能、环保农业机械，对性能老旧、油耗高、维修成本大的拖拉进行了更新。引进了玉米收获等薄弱环节及育苗等空白领域机械设备。农机设备更加精良，装备结构更加优化。

农业产业发展水平进一步提升。通过引进推广高端、智能、精准、生态、节水农业机械，使瓜菜在智能化环境控制环节，花卉在育苗、灌溉、灭菌环节，林果在打药、剪枝环节，畜牧在饲喂、挤奶、环境控制环节，水产在工厂化循环养殖环节得到了进一步提升。

农机用上了GPS

农机综合服务能力进一步增强。鼓励和引导农机服务组织由单一的大田农机服务向瓜菜、林果、新农村建设、林业管护等方向转变，有效提高了机具使用率，扩大了服务面积，增加了经济收入。创新开展农机规模化经营、全程及重点环节规模化服务等新型农机作业服务模式，累计实施新型农机作业服务面积 22.5 万亩。其中规模化经营 6.8 万亩，全程规模化服务 6.2 万亩，重点环节规模化服务 9.5 万亩，有效解决分散作业成本高、农村土地无人经营以及镇政府流转土地的管理问题。扩大农机服务区域，鼓励有意愿、有能力的农机服务组织到外埠进行跨区作业服务，参加跨区作业服务的农机服务组织达到 17 个，农机服务组织经济收入得到进一步提高。

技术培训，提升农民素质

全区构建了以市级农业专家为技术依托、区镇技术员为实施主体、村级科技示范户为基础的农业实用技术培训体系，继续对全区农民进行培训教育。

农民观念素质提升培训。大兴区从 2011 年启动"农民观念提升"工程，通过北京精神、美丽大兴幸福生活、转变生活方式、就业与创

新型玉米收割机配

业、消费与理财等观念引导性培训，推动了农民观念潜移默化的更新与提升，形成了基于"个人—家庭—社区—社会"四个层面的农民观念和思想意识影响和扩散模式，促进了以人为核心的城乡一体化发展。2014 年开始，"农民观念提升"工程扩展为"新型农民综合素质提升"工程，对工程赋予更丰富、更深刻的内容和更多样的形式。2015 年，大兴区继续实施新型农民综合素质提升工程，以"师资班＋示范班＋普及班＋就业强化班"的模式，全年培训 2 万人。"十二五"时期，实现培训 10 万农民的规划目标。

农业生产技能培训。编制了《大兴区新型职业农民培育工作实施方案》，整合利用各种项目、资源，通过院区科技合作项目、"菜篮子"工程、农民田间学校、农村实用人才培养等工作，加强农民职业生产技能培训，累计组织开展技术

培训、外出观摩等项活动 6100 多场次，培养科技示范户 700 户，培训农民 20 余万人次。发放各类宣传资料、技术资料、光盘及书籍 3 万余套（册），让更多的农户通过培训提高科学素质，享受科技成果，提高了农民科学生产水平。

健全队伍，提供人才保障

为强化实用人才工作统筹管理，大兴区出台了《大兴区农村实用人才工作意见》，明确了以优化人才结构、整合项目资源、强化服务管理和增强工作实效为重点，扎实推进农村实用人才支撑工程建设，努力建设一支适应新区发展要求的农村实用人才队伍。

开展了实用人才示范实训基地评选工作。在区内优秀农村实用人才经营、管理的种养殖、农业园区、农产品加工、专业合作组织、民俗旅游基地中，遴选规模较大、经济发展前景较好和示范带动能力较强的基地作为参评对象，评选出区级示范实训基地，从财政上给予资金扶持，重点用于开展农村实用人才开发培养，并授予"大兴区农村实用人才示范实训基地"荣誉称号。

启动了科技副镇长挂职活动。与北京市农林科学院等三院协调，选拔推荐 13 名"三农"优秀人才到大兴区挂职科技副镇长。其中，博士 7 人，硕士 5 人，专业涉及农业经济管理、种养技术、农产品加工、保鲜、物流、园艺、农药、环境科学及科研管理等多个方面。这些科技副镇长积极开展业务工作，已经成为帮助大兴农业增收、农民致富的重要推动力量。

科技支撑，增强内生动力

"十二五"期间，大兴区贯彻落实《北京市人民政府关于进一步加强农业科技工作的意见》，围绕蔬菜、西瓜、果品、甘薯、花卉五大产业，着力推进农业科技进步，提升了都市型现代农业发展的内生动力。一是院区科技合作不断深化。在前三期成功合作的基础上，深入开展了第四期院区科技合作，实施了"菜篮子"

科技能力提升工程，促成市级科研机构与我区农民专业合作社、农业基地和大户充分对接，示范推广新品种、新技术、新工艺、新装备，为"菜篮子"高产、高效、安全生产提供科技支撑，最终实现重点产品产量或效益平均提高 10% 以上。二是科技推广持续加强。在全市率先创建了市、区、镇、村四级农业科技推广服务快速对接联动机制，年均培养 700 户村级科技示范户，聘用了 375 名村级全科农技员，有效解决科技进村入户"最后一公里"的问题。累计引进瓜菜薯新品种（品系）570 个，引进"西甜瓜蜜蜂授粉技术"等新技术 82 项，建成创新团队 4 个、综合试验站 3 个、高产高效示范点 14 个、科技示范户样板田 100 个，现场宣传指导 1000 多次，发放技术材料 10 万余份。三是农民素质继续提高。相继开展了农民观念提升、新型农民综合素质提升、新型职业农民等培训工作。开办农民田间学校 222 所，累计培养学员 6431 人，开展田间学校活动日 2034 次，建设两圃试验田 220 个。全区各级涉农部门机构每年培训农民超过 2 万人，辐射带动 5 万农民学习采用新品种新技术，提升了农民增收致富的科技认知和综合技能。

第三节　设施农业

政策扶持设施农业快速发展

在细致调研的基础上，大兴区不断创新机制，加大投入力度，提升设施农业发展水平。"十一五"期间，大兴区成为全市设施农业"两区两带多群落"规划布局中的南部设施生产区。为进一步转变广大农民的思想观念和经营理念，不断促进农民增收，大兴区加大设施农业扶持力度，鼓励农民发展设施农业。2005年，大兴区委、区政府投资8000万元，对新建竹木大棚、钢架大棚、标准温室分别给予每亩2000—5000元的补贴。2006年，又出台了《农业保护地设施建设实施方案》，对新建保护地提高政策扶持标准：新建保护地设施面积在30亩以上的连片日光温室、钢架大棚，按设施面积分别给予每亩5000元、4000元的资金补贴，补贴总额达到6000万元。同时，在大棚建设过程中，政府部门抽调专人帮助村集体进行用地规划、温室设计、选材施工，农民专业合作经济组织帮助建棚农户购置薄膜、竹竿、钢架等物资，既保证建设质量，又为农民节省了资金和精力投入。大兴区还启动了刘礼路都市型现代农业产业带建设，发展设施农业和新品种、新技术的试验、示范。到2010年全区设施农业总占地面积12.3万亩，居京郊之首。"十一五"期间，全区累计投入补贴资金4.5亿元。

礼贤镇水培韭菜

依托区内丰富的"绿甜"资源，建设了集观光采摘、旅游休闲、特色农产品销售、高科技农业示范精品展示、休闲健身、餐饮住宿等为一体的观光旅游大道，即庞安路都市型现代农业产业带。该产业带全长 13.5 公里，沿途经过庞各庄镇、魏善庄镇和安定镇，涉及 19 个行政村，将沿途 1.5 万亩设施西瓜保护地连成片。目前，大兴区已包装 150 多个各类蔬菜园、西瓜园、精品梨园、桑葚园、花卉园，推出 10 余条以休闲体验为主题的精品旅游线路。在整合开发自身有形资源的同时，还注重发掘和创造无形资源，开发农业资源的农业价值。西瓜节、葡萄节等已经成为大兴对外交往的新名片。

"十二五"期间，大兴区加快推进农业结构战略性调整，按照"一稳、一退、一增、一促"的发展方向，通过规模经营、园区引领、企业带动、产业优化、功能拓展，推动各种生产要素优化组合，促使农业资源利用更加合理、农业服务城市能力更加突出，较好地实现了都市型现代农业的转型升级，推进了农业产业结构向"高精尖"迈进，全区农业的经济效益、社会效益和生态效益全面提高，继续保持了北京市都市型现代农业标杆的地位。

❧ 推广设施农业，促进结构调整 ❧

启动了庞各庄高科技农业产业园和西瓜文化创意博览园等重点园区建设，提升了庞安路都市型现代农业产业带，实施了设施农业新建和改造工作，提高了设施农业的生产、生态、示范和抗灾能力。2014 年，全区设施农业用地面积达到 11.8 万亩，居全市领先。节水灌溉全面普及，2014 年，全区农业节水灌溉面积达到 59.58 万亩，占全部灌溉面积的比例达到 95%，农业灌溉水利用率达到了 70%，处于国内领先水平。按照"三个一批"的思路，新发展一批设施农业、改造一批蔬菜主产区的老旧设施、提升一批设施蔬菜产业村，确保全区设施农业提质增效，设施蔬菜用地面积稳定在 10 万亩左右。引入高效密植栽培模式，新建和提升果树标准化基地 20 个，形成果树专业镇 5 个、专业村 2 个，打造了一批特色旅游果园、观光采摘果园，提升了林业产业效益，引进果树新品种 469 个，推广果

自走式洒水车

树新技术 15 项，建成有机果品基地 1.2 万亩、出口和特供果品基地 2430 亩。

依托区内"兴甜绿海"的自然资源，建设面向市民的绿色休闲场所，持续提升观光休闲农业服务及承载能力，发展绿色生态休闲农业，开发农业资源潜力，促进农业增效、农民增收。围绕永定河、庞采路形成的"T"字形观光产业带，改造提升农业观光园区，建设集聚连片的休闲农业示范区，打造优美景观农田与主题观光园、主题作物园和作物大观园，推进美丽田园建设，提高农业观光园区的景观环境和服务接待能力。

围绕成功举办 2016 年世界月季洲际大会，引进 10 家企业，打造不同规模月季园区 10 家，种植月季 2700 亩，品种超 2000 余种，为月季大会召开营造了良好氛围。

积极发展畜牧种业，提升畜牧业科技含量，支持育肥场向种畜场转变，增加现代化种畜场数量，优化畜禽品种结构，提升种畜的质量和水平，全区种畜禽场数量达到了 40 个，比 2009 年增加了 10 个。推广发酵床生态养猪新模式，建设发酵床生态猪舍 10 万平方米；支持发展外埠基地，鼓励本区大型龙头企业和养殖大户在河北、辽宁、内蒙古等外埠地区投资新建畜禽标准化养殖基地和畜禽良种基地并给予资金扶持。到 2014 年，已经建成外埠生猪基地 2 个，奶牛基地 3 个，羊养殖基地 2 个。鼓励发展现代化渔场，加快老旧池塘改造，建设节水、节能、节地和高产高效的现代化渔场。目前，已经改造老旧池塘 770 亩。2014 年，全区畜牧业总产值（含外埠基地）达到了 30 亿元，比 2009 年增加 10 亿元，继续保持全国生猪调出大县和牛奶生产基地。

大力发展花卉产业。全区花卉种植面积达 3270 亩。年创产值 9683 万元。花卉品种 1000 余个；形成火鹤、蝴蝶兰、切花菊、一品红、彩色马蹄莲、玫瑰等花坛植物拳头产品。产品除在莱太、玉泉营等十几个大型花卉市场销售外，还销往河北、山东、天津、内蒙古、新疆等十几个省市，切花菊已出口日本。火鹤、切花菊、兰花、月季是大兴区的拳头产品，其中，火鹤的生产量占北京市火鹤总量的 60%，从生产规模、产品质量、种植水平上均居北京市前列。近几年先后引进亚利桑娜、粉冠军、鲁滨孙、北京成功等新品种 40 多个。大兴区苗圃生产的火鹤在第五届中国花卉博览会上获 1 项银奖，两项铜奖；在香港国际园林花卉展上获"最具特色奖"；在第六届中国花卉博览会上获两个一等奖、两个二等奖，水培花卉金琥获三等奖；蜂鸟花卉有限公司生产的火鹤在第六届中国花卉博览会上获 1 个二等奖、1 个三等奖。北京信采种养殖有限公司是大兴区生产切花菊的重点花卉企业，年出口菊花 500 万支，实现创汇 100 万美元。公司成立至今带动农户 200 余户。为大兴区内其他企业的花卉产品走出国门、实现出口创汇起到了示范和带动作用。

第四节　示范园区各具风采

大兴区依托良好的农业基础，围绕"环境农业、高效农业、特色农业"的发展目标，利用全区都市型现代农业优质资源，打造"绿海甜园，都市庭院"的旅游品牌形象。大力推进西甜瓜、精品梨、桑葚、葡萄、花卉等特色主导产业发展，形成了"春赏花、夏品瓜、秋摘果"的采摘格局，累计建成老宋瓜园、榆垡香草园、马莱特庄园、御瓜园、古桑园、千亩梨园、万亩葡萄园等一批特色农业观光园。截至 2014 年年底，大兴区共有农业园区 (不含纯养殖业园区)130 个，涉及面积 4.22 万亩，100 亩以上园区 100 个，主要分布在庞各庄镇、榆垡镇、安定镇、礼贤镇等南九镇，主要产品包括西瓜、梨、葡萄、蔬菜、草莓、桑葚、食用菌、花卉等，年产值达 6.66 亿元，农业园区提供就业岗位 5202 个。

🌿 老宋瓜园 🌿

老宋瓜园是以"瓜王"宋宝森命名的。他种植的瓜园，从最初的几亩土地发展到现在的上百亩规模。目前，"瓜园"有西瓜温室大棚 30 余个，带动农户上百户，老宋瓜园在自身发展的同时，还积极指导附近村民种植西瓜，凡达到老宋瓜园西瓜种植标准的，均以"老宋"商标挂牌销售，带动村民共同富裕。老宋瓜园目前年产西瓜 800 万斤，年实现收入 60 万元。老宋西瓜的种植，从育苗营养土应用肥沃土壤开始，到保水保肥性好，无砖瓦石块等杂物，不含病菌虫卵及草籽系统种植；从营养土以入冬前挖取，经冬季冻晒风化后再配制，使配成的营养土松紧适度，既不散团又不过于紧密影响根系发育，到根据土质用腐熟的有机肥以适当比例混合，使之达到松紧适合，土壤不够肥沃还可再加入适当充分发酵的鸡粪和多元复合肥，种植的西瓜香甜可口，使北京人一年四季都能吃上大兴西瓜。老宋瓜园是庞各庄的标志，也是大兴区的标志，更是优质西瓜的标志。

教学老师带学生去老宋瓜园学习种瓜

北京老宋瓜王科技发展有限公司成立于 2003 年 4 月，以老宋瓜园为依托，以产业化经营为模式，是一家集科研开发、科技试验示范、生产销售、旅游观光、休闲采摘、新技术推广应用及培训为一体的高新科技企业。老宋瓜园里种植成功的"西瓜树"同普通西瓜相比，树上西瓜需要的养分高、生育期长，种植方式采用最新无土栽培技术和网架式管理。引种的黄晶一号、野生西瓜，单果重在 1.5 千克以上，口感比普通西瓜更加清甜爽口。其培育的西瓜在历届全国西甜瓜评比中多次获得"瓜王"称号，在 2002 年老宋西瓜以 1.32 万元拍出，以最昂贵的西瓜载入世界吉尼斯纪录，创西瓜历史之最。

老宋瓜园曾先后被评为"北京市观光农业示范园""最佳观光采摘园""中国著名品牌"、2008 年北京奥运会"餐饮原材料供应工作贡献奖"、"中国食品行业质量放心品牌""国家质量监督检测合格——全国质量信得过产品"。公司现已成为多家大专院校社会实践基地、北京市青少年外事交流基地。2008 年投资 600 多万元打造"老宋瓜艺苑"联栋温室，以"自然、艺术、文化、科技"四大理念，展示瓜文化、瓜的栽培科技，是国内目前"主题定位最明确，文化内涵最丰富、艺术手法最精湛、科技含量最高"的西瓜主题公园。

🌿 乐平御瓜园 🌿

乐平御瓜园，坐落于"中国西瓜之乡"庞各庄镇，经营范围以西甜瓜为特色，兼顾瓜菜种植、科普教育、观光采摘、休闲娱乐、瓜吧、农事体验的综合农业生态园，现有会员 650 户，辐射带动周边 2000 户农民。乐平御瓜园南临东方绿洲三星级度假酒店和北京市野生动物园，东临星明湖度假村，西临中国西瓜博物馆、五星级龙熙温泉度假酒店及民族特色烧烤村　薛营村，园区以四各庄为中心，呈"U"字形向周边辐射带动 15 个西瓜生产专业村。乐平御瓜园占地 2.1 公顷，交通便捷环境秀美幽雅。地处永定河冲积平原，有着得天独厚的农业科技优势，与科研院所建立了长期的合作关系，配合科研院所建立的航天西瓜实验、示范基地，成功地培育出了航兴一号、三号、六号等航天育种西瓜。开发了印字瓜、造型瓜、盆栽瓜、奥运瓜等唯一性特色产品，引进了国内外地区的 100 多种名特优新西甜瓜、蔬菜品种和试种成功的热带水果，供游客参观和采摘；配合科研机构完成了断根嫁接、立体栽培、多层覆盖等全国西瓜攻关科研课题 10 余项；建立了 500 亩市级标准化生产示范基地，为供应链条不间断，在国内外 5 个省市建立了占地 2 万多亩的西甜瓜蔬菜生产基地。"乐苹"品牌以其品种丰富、安全健康为优势，秉承"以质求存、消费至上"经营理念，赢得了中高档客户的认可。

乐平御瓜园建有 6000 平方米的日光温室，日光温室冬季采用集中供暖，保证长年农业种植的需要。御瓜园采用有机种植方式，充分展示了高科技成果的特色、现代农业的风采，突出科技环保、节能、可持续发展的理念，使民俗体验围绕采摘活动而展开以御瓜为中心，以悠久的西瓜栽培史和西瓜典故为主线，体现西瓜文化气息，传承中国文化传统，为广大居民、游人提供了一个旅游观光、休闲娱乐、科普学习、体验乡情农趣，回归大自然的良好场所。党和国家领导人多次来园区视察工作，对园区所取得的成绩给予充分肯定，赞美园区不愧是"都市农业"。

乐平御瓜园区主道上，有一座长 50 米的绿色瓜果长廊，造型奇特，廊上种植了多种的珍奇瓜果。枝繁叶茂，硕果累累，使人目不暇接，既增加了游客的亲绿空间，又可观赏采摘。瓜园在日光温室内成功引种了热带水果铁西瓜树、香蕉、番石榴、柠檬、莲雾和樱桃树，有的现已开花、结果，任您观赏、采摘，饱享热带水果的口福。园区内蜿蜒着一条 300 多米的观赏河，两岸风光秀丽，河内放养着鲤鱼、草鱼、鲫鱼和武昌鱼等品种。供游人尽情垂钓、摸鱼，充分体验休闲的快乐。御瓜园内设有采摘音乐温室，温室内部为公园式的布局，设置地埋音箱播放轻音乐活跃采摘气氛。采摘的产品以西瓜为主，可考虑游客多样化采摘需求和植物景观的需要，搭配其他的品种，开辟适当区域设置茶座瓜吧，提供饮料和简餐服务。御瓜园的"农事体验"活动，使久居都市的人们重新体验田园生活，感受"采菊东篱下，悠然见南山"的惬意，享受自耕自收的乐趣。

南亚农业观光园

　　该园位于长子营镇，结合本镇实际，发挥镇域资源优势，大力调整和优化种植业的产业、产品结构，于 2006 年投资建成的"南果北种"试验基地，是京南最大的南果种植园。近年来，通过不断地完善园区建设，目前，园区共引进香蕉、杨桃、荔枝、芒果、莲雾、菠萝、番荔枝、番木瓜、枇杷、番石榴等 30 余种南方果品，其中还包括只在我国台湾和澳大利亚等地生长的水果。此外，南亚现代农业观光园内的观光旅游设施均已修建完毕，比如南亚会馆、垂钓池、休闲中心、

南亚观光园

生态停车场等，形成了综合性的观光旅游接待和服务系统，已成为长子营镇都市农业旅游的亮点产业之一。

走进南亚农业观光园，迎面而来的是一面采用典型的中国传统建筑特有设计风格的大型照壁，照壁上彩绘的是整个园区的规划示意图，清晰明了，古典又极具浓厚的现代科技氛围。绕过照壁，是一条长长的户外走廊。走廊两侧便是一个个特色温室大棚。

科技示范园内的高标准温室大棚中，令人印象尤为深刻的便是颇具南国特色的花果种植园温室大棚和各类本是生长在南方种植园区、且正在北方城市生长的水果花卉。进入温室大棚，与北国初冬落叶遍地、树枝光秃而显得荒芜萧条的景象大不相同的是：一片姹紫嫣红、绿意盎然的景象跃然眼前，一棵棵香蕉树上挂着一串串绿绿的香蕉，煞是诱人。

平常人们在超市和水果摊买到的香蕉等南方热带亚热带水果都是从遥远的南方种植园采摘并运送过来的。因为需要长途运输，所以很多水果都是在七成熟时便被种植人员采摘下来，转运到北方，其口味和营养难以保证，与南方城市很多成熟后采摘上市的水果有很大的差距。在南亚现代观光园特色种植大棚内，正在生长中的南国水果，让久居北国的人大开眼界。比如火龙果，在长满刺的茎上，一个个火红硕大的果实尤为赏心悦目。作为京南生态第一镇　长子营镇越来越吸引广大市民前往休闲娱乐，或观光、或采摘，享受低碳生活。而成功进行"南果北种"的南亚现代农业观光园更是成为广大市民都市冬游可选择的重点新景区。

❋ 星月湖农业休闲观光园 ❋

在京郊南部的乡野，隐藏着一泓幽蓝如镜的平碧湖水。星月湖"雨后烟鬟净，云中螺碧幽"，不愧为气候宜人的度假胜地；住在湖畔的竹楼里，等待天青色烟雨，心会充满说不清的柔情思绪。菜花、果花如繁星点缀湖面，独木舟无声划过，留下游人悠长缠绵的情歌余韵。环绕湖四周，有种介于粗糙与纤细之间的美，既不刀劈斧立，又不柔缓平和。小岛像船只一样浮在平静的湖上，一切如此静穆，真是一个适合神仙居住的地方。

这可以让你在春夏秋冬随意和天地人文交融休闲，让你领略浪漫乡野的多情，让你的思绪随着旷达的景致而飘飞逝远，让你能够在走过、经过之后获得一份永久的内心虔敬。它有一个很美丽而优雅的名字——星月湖，地处北京市大兴区采育镇大黑垡村村北，距北京市区行程仅30多公里，是一座距北京市区较近的园区。园区主要的经营宗旨及发展前景是在欲求一种生态自然、创造健康环境为主题的绿色园区。之前，这里是一片荒野之地，谁也说不清它荒弃了多少年。2006年，经过整理，这块杂乱无章的荒废土地变成了当今的星月湖农业休闲观光园。在当地政府的大力支持下，做到了为人类服务，为社会服务，更体现出采育的农业文化。星月湖农业休闲观光园总占地面积500余亩，它是一所以生态、健康为主题发展的农业园区，2009年至今获得了多项国家有机农产品证书（农业种植、养殖及水产养殖）。有机水产养殖已经成为园内最大的特色，总占地面积150余亩，本园利用了多年时间在湖内相继投放多种鱼苗，让它们在自然环境中依靠自然生物而生长，最大尾重已超过20斤，鱼味鲜美，无任何异味，肉质柔嫩，可称为高品位的健康食品。

神奇的泉水之湖，有序的农业观光，整体的生态环境和综合一起而形成的绿色氧吧，真可称为一座让人留恋的星月湖。星月湖，是春色关不住，挥出一枝红杏的粉墙，是烟雨中的悠长回廊，是庭院深处一树盛开的桃花，是绿窗外拂云的修竹，是角落里带露的兰花，是花窗斗拱上时光经历的痕迹，是树木一年又一年的青绿。于是星月湖便天然地适合驾扁舟一叶，悠然其间，看波光摇荡，峰回螺黛，夕阳炊烟，渔舟唱和，展现它无尽的水韵柔情，醉倒了游人心。这里有阳刚之美，雄浑博大；这里有秀慧之美，清和舒缓。这是一个绿色的碧野，是让你心情放松的地方。

春暖花开时节绿粉红葩，秋凉霜清时节丹枫如染，山水都明媚含情，是一幅绝美的画卷。而你是进入这画卷的旅人，轻衣坐筏，纵观水景，迷醉其中，忘乎所来。临去秋波那一转，便是铁石人，也意惹情牵。

肆

第四章

农事节庆

　　农事节庆是举办主体以本地农业相关资源为依托，以提高区域知名度、宣传当地特色农产品、促进当地农业及相关产业发展为目的，主动地创造事件或利用传统节庆周期性地举办的大型集会、庆典或仪式等的一系列活动。

　　春夏秋冬，四季轮回，京郊大兴就像一位善于装扮的女子，演绎出每个季节的美好。而大兴的农事节庆，更像是一朵朵的簪花，在各自的季节里，装点了京郊大地，滋润了这里的人们。

第一节 农事节庆为大兴添彩

大兴区的农事节庆开始于 1988 年举办的首届大兴西瓜节，以大兴地区特有的西瓜种植优势和产品优势举办农事节庆，以瓜为媒，发展经济。这一活动成功举办后，又相继举办了金秋百果节、赏花节、采育葡萄节、安定桑葚节等，经过 20 多年的不断探索，大兴的农事节庆已经形成系列，形成品牌，为大兴的经济发展和社会进步做出了重要贡献。

大兴区既没有名冠一方的山川，也没有碧波荡漾的水域，名胜古迹也不多，但是大兴区有一望无际的菜田，令人垂涎欲滴的西瓜，硕果累累的梨、桑葚。因此，大兴区的旅游发展能够依托农业特色产业，发展乡村旅游，来提高广大农民的收入。在 2006 年的时候，大兴区乡村旅游收入仅 1.24 亿元，占全区旅游收入的 23％。

从 2008 年开始，举全区之力，重点建设了庞安路观光休闲产业带。该产业带西起京开高速公路瓜乡桥，东至京山铁路，全长 13.5 公里。建设中，将产业发展、基础设施建设、休闲园区建设、餐饮服务、科技展示等工程统一规划、统一设计，利用村边闲置坑洼土地建设停车场 6 处、休闲销售中心 5 处，在集贸市场、采摘园、农业设施集中的位置设立西瓜、蔬菜销售厅 400 多个，建农产品销售展示大厅 2 座，改造提升采摘果园 10 余处，为旅游观光采摘的游客提供了停放车辆位置，为农民提供了瓜果和蔬菜的销售地点。另外，建设街心公园 6 处，建设桥涵 51 座，安装太阳能路灯 396 盏，粉刷墙面 2.4 万平方米，绿化面积达 20.3 万平方米。该产业带串联老宋瓜园、东方绿洲生态园、千亩梨园等 20 余处景点，产业带两侧发展设施保护地近 2 万亩，连接了西瓜、梨、桑葚和葡萄等四大产业片区，已成为一条集产业发展、科技示范、精品销售、观光休闲、新农村建设于一体的都市型现代农业产业带。2009年为期一周的西瓜节期间，到庞安路旅游的人数达13万人次，旅游收入达到了1800万元。

近些年，大兴区发展了以中国西瓜博物馆、农具展览馆、耕织文化园、航天教育基地为代表的文化、素质教育观光旅游园区，将农业文化展示融于寓教于乐之中。建设了御瓜园、御林古桑园、采育万亩葡萄观光园等一批集产业文化、种植品种、生产模式、观赏休闲于一体的高科技农业主题园区，将农业历史文化与现代农业科技文化相结合；正在建设梨文化主题公园和有机农业资材展览馆等，进一步展示大兴区特色农业文化；将继续围绕庞安路、永定河等农业观光休闲产业带两侧重要节点，建设体育休闲、文化感受、产品采摘、美食品尝、参与体验等主题的高品质休闲园区。从传统农业到效益农业，从多功能农业到方兴未艾的休闲农业，转动大兴现代农业发展轨迹的万花筒，一条具有平原特色的休闲农业之路清晰可见。地处北京郊区的大兴，休闲农业呈现多种形态相互交叉、多种类型共同发展的特征，在田园风光、自然之美以外，还具有独特的历史文化、名人文化、民俗文化、古镇文化，蕴藏着深厚的农耕文化和富饶的农业特产。

随着京津冀一体化推进、统筹城乡一体化发展全面融合，城乡居民休闲观光消费需求与日俱增，大兴发展休闲农业的区位优势更加凸显，呈现出良好的发展态势和巨大的市场空间，休闲农庄、农家乐如雨后春笋般在京郊大地上兴起。

举步入林、田园放歌、认识森林、亲近动物。嗅树木清香、闻啾啾鸟鸣、尝传统美食野调、品乡乐俚曲。于农家闲庭信步，在乡野踯躅徜徉，晨风微露中尽享自然灵气，夕阳西照下漫看缭绕炊烟。绿海田园，都市庭院，农事节庆装点了大兴，美景就在身边，乡情就在京南，大兴成为久居都市的市民假日出行最好的选择。

如今在大兴，农事节庆活动已作为精品工程打造集城市礼品、休闲产业、农家乐经济与农闲文化为一体的四季旅游品牌，旅游经济的崛起已成为当地农村经济内驱的重要引擎；二十几年的成就与辉煌，二十几年的激情与踏实，让每一个乡村翻天覆地的变化成为烙在大兴科学发展长卷中诠释农村跨越的恢宏印记。让人们为生活在一个铸造永恒价值、推行普惠理念、促成城乡共举的大兴而骄傲。

第四章 农事节庆

春季的赏花节，夏季的西瓜节、桑葚节、葡萄节，秋季的春华秋实采摘节，冬季的草莓节，每一次节庆活动的举办都是具有地方特色的旅游推介新亮点，都是大兴休闲农业发展的良好契机。

通过优化各种自然资源与社会资源，将休闲农业与农产品流通有机结合，拉近了城乡距离，推动了休闲农业与乡村旅游的发展。据统计，2014 年，大兴区旅游接待游客达 503 万人次，实现旅游综合收入 50.81 亿元，其中乡村旅游接待游客 179 万人次，实现旅游收入 1.48 亿元。休闲农业已成为农民增收、农业增效的重要途径。

大兴农业在整合开发自身有形资源的同时，非常注重发掘和创造无形资源。通过举办一年一度的西瓜节、桑文化节、葡萄文化节、农业精品博览会和春华秋实等系列活动，推进农业文化的产业化，提升了农产品的品牌效应，带动了当地农业观光产业的发展。

2005 年和 2007 年将"大兴农业"品牌形象和品牌管理机制导入大兴梨、大兴西瓜和大兴甘薯、大兴桑葚产业，实现标准化生产管理和产品分级包装销售，并深化西瓜创意产品开发，提高产品附加值。先后实施了"大兴西瓜""大兴梨""大兴甘薯"品牌推广计划。主导产业品牌策划创意主要体现在三个部分：一是产品包装箱造型的独特和多变性，意在宣传大兴主导产业产品独一无二的品质；二是配套推出与大兴主导产业相关的工艺品、纪念品；三是通过开展合作组织农产品进社区、进超市等活动，进一步提升了"大兴农业"品牌的市场认知度。

推动了"农超对接"，大兴区以"西瓜节"为平台，举办"大兴区农产品展示及农超对接洽谈会"。在 2009 年举办的农超对接洽谈会上，物美集团、超市发连锁、京客隆集团、美廉美连锁、迪亚首联、永旺、北京华联综合超市、首行国力、华普超市、任我在线超市、中粮丰通（北京）食品、味多美食品、义利食品、TESCO 乐购、家乐福、沃尔玛、欧尚、麦德龙、易初莲花等 34 家大型超市企业负责人，大兴区 32 家农民合作组织及种植大户、7 家加工企业、6 家手工艺品制作单位，总计约 100 人参加对接洽谈会。在农超对接洽谈会上大兴区参会的农民合作组织分别与市区大型超市、中央市属后勤机关及大中专院校、农副产品加工企业和副食加工企业对接洽谈。双方就农产品进场、专区（柜）设置、品牌宣传、费用减免和政策优惠等问题等进行探讨、研究，以搭建良好合作平台，促进长效发展。经过沟通洽谈，34家农民合作组织及种植大户分别与超市发、家乐福、永旺、沃尔玛、物美集团、乐购、欧尚等20家超市达成合作意向，签订了供货协议。

大兴区依托西瓜、梨、葡萄、桑葚等大型特色资源，整合区内旅游资源，推出观光采摘游，乡村风情游，休闲度假游，康体健身游等，形成一批独具特色的节庆旅游活动。通过深入挖掘特色资源的文化内涵，提升节庆品牌，使节庆活动成为大兴旅游的一个显著特点。

第二节 绿色节日——大兴西瓜节

1988 年，由县委、县政府主要领导提议，县人民代表大会形成决议，将每年 6 月 28 日（2001 年后改为 5 月 28 日）定为西瓜节。按照"以文化立形象，以情结聚人气，以展示育商机"的节庆理念，西瓜节期间开展文娱表演、经贸洽谈、观光旅游、商品展销、西甜瓜擂台赛等活动。

在西瓜节举办的前十年中，西瓜节的主办主要目的是西瓜搭台、经济唱戏，利用大兴西瓜这一资源优势，打造大兴的农业品牌，通过西瓜节广交天下朋友，招商引资，发展大兴经济。1999 年西瓜节，大兴区提出了"让全国了解大兴、让大兴走向世界"的办节目标，突出强调文化的内涵所在。大兴西瓜节主会场先后在北京王府井金街、西单文化广场、北京农业展览馆等场所隆重举行。西瓜节在大市场运作中不断增添活力，越办越红火，影响日益扩大，西瓜节的办节宗旨得到不断深化和升华。

2001 年，大兴县撤县设区，在新形势下，如何继续在市场运作中使西瓜节无形资产不断升值，使西瓜节不断注入活力，常办常新，历久不衰？区委提出了"以文化立形象，以情结聚人气，以展示育商机"的办节新理念，突出了西瓜节应以文化取胜的整体竞争意识。这一届西瓜节除了在中国农展馆办了展示会外，还把宣扬西瓜文化的展示会办到了北京王府井金街，开展了精品瓜现场拍卖会，庞各庄镇老瓜农宋宝森种植的西瓜"宇宙王"以 1.32 万元的高价拍出。取得了很大的新闻效应，并获当年"世界最昂贵西瓜"的吉尼斯纪录。

2002 年，第十五届西瓜节遵循"运用市场机制、经营无形资产，展示产业成果、捕捉发展商机，调动社会资源、铸造瓜节品牌"的办节方针。通过市场运作调动社会资金 800 多万元，与中央电视台合作，在兴城广场成功举办了有 1 万多名观众到场的"同一首歌·走进大兴"文艺焰火晚会。

2004 年，第十六届西瓜节（注：2003 年因"非典"疫情未举办西瓜节）在中国西瓜之乡庞各庄举行，开幕式上，全国第一座以单项农作物命名的"中国西瓜博物馆"同期揭牌，正式接待游客。西瓜博物馆以西瓜传入我国为起点，全面宣传和展示了西瓜的传播与发展、西瓜新品种、高科技种植技术、药用价值、发展前景等西瓜文化。这标志着西瓜文化的不断发展，使得西瓜文化得以固化和传播。同时，也使得西瓜文化的发展有了可以依托的物质载体。本届西瓜节实现了让中外朋友"走进大兴，体验大兴，融入大兴，发展大兴"的目标。

2005 年，第十七届西瓜节紧紧围绕"构建和谐社会，共建美好大兴"这一主题，突出反映我区在构建和谐社会的过程中所取得的丰硕成果，展示大兴人民的精神风貌。本届西瓜节除举办了开幕式，还举办了全国西甜瓜擂台赛、全国百杰书画家笔会、投资环境和项目推介展示会、西瓜节联谊酒会等 10 余项大型活动，达到了"让全国了解大兴，让大兴走向世界"的目的。

2008 年，第二十届西瓜文化节以"活力大兴，魅力新城"为主题，节庆活动与北京奥运会相结合，与大兴新城建设相结合，与新型产业发展相结合，与新农村建设相结合，不断增强其参与性、创意性、娱乐性。大兴西瓜文化节已逐步提升为一个科技的、创意的、时尚的、充满活力的节庆活动。西瓜文化节开幕式暨文艺晚会紧紧围绕北京奥运大背景，运用现代科技、艺术等丰富多彩的表现手段，集中展示了大兴西瓜文化节 20 年来的创新发展历程和大兴经济社会 20 年来的历史性变化，集中展现了大兴经济和社会发展的新思路、新机遇和全区人民建设新大兴，迎接奥运会的精神风貌。

2015 年，第二十七届北京大兴西瓜文化节继续以宣传绿色大兴、生态旅游为重点，西瓜文化节的主题为"城南绿海·生活大兴"，围绕"为民、为农、为生活"的理念，一切以市民需求为出发点，以农民增收为立足点，坚持为民务实，由"西瓜节"转向"西瓜季"，西瓜文化节将从 5 月初持续至 7 月中旬。通过一系列主题活动和旅游推介，形成"瓜秧不断、推介连连"的宣传推广态势，全面推广月季文化，围绕"爱月季、爱生活"为主题开展月季文化宣传活动，预热 2016 年世界月季洲际大会，坚持国际高端引领，引入国际文化交流活动。

大兴区借助西瓜优势，从举办第一届西瓜文化节开始，给古老的西瓜文化注入了时代内涵和活力。随着西瓜文化的传播，大兴西瓜文化节已被国际节庆协会（IFEA）评为中国最有发展潜力的十大节庆活动之一，农业部授予大兴"西瓜之乡"称号，国家质检局批准对大兴西瓜实施地理标志产品保护，保护范围定为庞各庄、北臧村、礼贤、榆垡、魏善庄、安定等镇西瓜主产区。种子的革命和科学技术的广泛应用，使大兴西瓜种植取得了长足发展。北京大兴西瓜节在全力宣传新区快速发展的同时，着力推出以"我们的新区、您的未来"为主题的大兴西瓜节系列活动和开幕式活动，充分展示大兴新区旅游资源，打开旅游之门，提升旅游品质，打造旅游精品。通过宣传新区一体化、高端化、国际化，吸引更多市民走进大兴，亲身体验新区发展、甜绿生活，突出节庆氛围，突出市民参与性和互动性。2016 年的大兴西瓜节，本着创新办节的理念，开幕式充分利用现代科技手段，展示新区深度融合发展的新成就和实施"十二五"规划的阶段性成果，展现新区人民践行"北京精神"，奋发有为、昂扬向上的精神风貌。

大兴西瓜文化另一伟大成果是精神财富、人文科学成果。大兴区历史悠久，古老的西瓜文化造就了民间传统的婚俗、餐饮、农耕、传说、地方戏曲和花会等乡俗文化。民间传说中有许多脍炙人口的口头流传，像广阳城的传说、梨乡的传说、御桑园的传说、西瓜进京的故事等在民间广泛流传。大兴区许多文化名人致力于收集整理大兴西瓜文化历史资料，编辑出版了很多具有历史价值的著作。张连和先生出版了长篇小说《瓜乡情缘》，寇殿荣先生收集整理了《梨乡的传说》等民间文学作品，庞各庄镇出版了《瓜乡春韵》文学作品，大兴区委宣传部、旅游发展委、文化委编纂出版了《这里是大兴》专辑，着重介绍大兴的风物人情和历史文脉。大兴政协文史委整理了大兴西瓜文化史料。在每年西瓜文化节期间，都要举办大型文娱活动，征集大兴西瓜节文艺作品和西瓜节节歌，举办文娱晚会和演唱会，宣传大兴西瓜文化。庞各庄镇建立了全国首家西瓜博物馆和农具展览馆，西瓜博物馆设计主题为飞翔的西瓜，以两片绿叶衬托一个巨型西瓜，寓意大兴西瓜产业腾飞。中心圆顶为展厅序厅，绿叶下为展厅，展厅面积 300 余平方米，主建筑外墙刻有反映中国西瓜生产历史的浮雕。厅内图片、展品、文字 300 多幅，运用古老与现代表现手法、布局风格将历史史话和西瓜文化串联一体。

每年西瓜节期间，作为"主场地"的庞各庄镇都会接待数以万计的游客，乐平御瓜园、老宋瓜园更是让各地游客流连忘返。大兴通过现代型都市农业的种植方式，向来自四面八方的游客展示了西瓜种植的悠久历史和西瓜文化。在新时代，大兴着力打造观光休闲产业带，并发挥西瓜节、桑葚节等节庆活动品牌效应，有效带动了区域旅游经济发展。

随着城南行动计划的推进，新区也正以高端、全新的面貌，向全世界展示着全新的经济文化。在历年的西瓜节活动中，来自世界各地的人们通过展示等活动，走进新大兴，了解新大兴。"健康空间、时尚空间、家居空间、体验空间、创新空间"让人们感到在大兴可以达到"吃得健康、穿得时尚、住得舒适、行得便捷、玩得尽兴"，从而营造"现代都市生活空间"的概念，将大兴的都市产业链条完全包容在其中，让观众去体味一次别致新颖的都市时尚生活空间的旅途。

第三节 "春华秋实"文化节

春，吻别冬，姗姗而来。在这寒与暖交接的日子里，果真是少了一点冷漠，多了一点温馨。春从消释的冰隙中缓缓溢出，草木悄悄萌发出娇嫩的幼芽；春风爱抚的大地将叠印出一派繁荣。秋，一首雄浑的诗；秋，一幅美妙的画；秋，别有一番壮美；秋，别有一番气度；秋，是慷慨的，又是无私的。谁涉历了春日的播耘，谁将拥有一个充实的金秋；走向春华秋实，季节更添一份珍重。因为四季轮回，我们感受着自然变幻，体味着春华秋实；因为喜怒哀乐，我们沐浴着生活七彩，聆听着生命韵律。

大兴区素有"绿海甜园"之称，全区果树面积近 20 万亩。其中，采取"高接换优"方式种植的精品梨达到 2.3 万亩，为整合、优化全区丰富的绿甜资源，大兴区自 2002 年开始面向国内外市场推出了"春华秋实"品牌，举办了系列文化活动。

大兴区是北京市梨的生产基地，全区种植梨树面积 4866.7 公顷，年总产量 5217 万千克，占全市梨总产量的 50.8%。随着市场经济的发展和农业结构调整的不断深入，大兴梨区品种滞后、质次价低，梨树资源面临严峻考验。大兴区 61% 的土地为沙地，果树面积占全区林地总面积的 47%，其中梨占 22%。为保住梨树资源，充分挖掘其生产潜力，提高经济效益，富裕农民，于 1997 年开始，大面积试验推广梨树高接换优技术，魏善庄镇采用高接换种技术嫁接了丰水、新世纪等十几个日韩梨品种，在镇政府南侧建设了 1000 余亩的精品梨园。为促进新品种梨的销售，增加农产品的知名度于 1997 年 9 月举办了大兴区"春华秋实"系列品牌推广活动。

　　此后每年9月上旬，大兴区都举办"春华秋实"系列品牌推广活动。活动内容包括开幕式、梨王擂台赛、甘薯擂台赛、群众文化活动、观光采摘等丰富多彩的系列活动。"春华秋实"作为一个集旅游文化、农业文化、都市乡村特色的品牌节庆活动，逐渐被推向市场并赢得了良好的声誉。"春华秋实"活动坚持农业与文化的结合、农业与奥运经济相结合、农业与旅游观光相结合。每一届活动都把文化做成亮点，把奥运经济当作重点，将发展本镇生态旅游作为落脚点，让第二、三产业成为活动中心点。仅2006年就举办文化活动14场、接待游人80万人次、实现直接收入540万元。随着办节理念的不断延伸，"春华秋实"从办节初期的展示果品向推动都市型乡村文化建设，发展旅游，带动第二、三产业，促进招商引资等多个方面延伸和发展，实现了经济效益和社会效益的双丰收。

　　"春华秋实"活动，不仅是农业方面的品牌，更是政府搭建的一个平台，由各行各业来唱经济大戏。魏善庄镇充分利用"春华秋实"活动这个平台，全镇一批龙头企业、中介组织借势造势，宣传自己、发展自己、壮大自己。如金维福仁畜牧公司不仅出资赞助中国梨王擂台赛，而且与来宾积极洽商，签订所生产的牛羊肉供应国家体委训练局，成为运动员的指定产品。由全镇5个劳模、6家企业组成的农副产品流通网，在2005年的活动开始前一个多月就精心准备，与北京"任我行"网合作，通过网上发布供求信息，网上报名旅游等活动来宣传自己。每天网上报名来旅游的就达几百人。一个客户在网上一次性订购鲜食玉米1万个，每天准备的几千公斤五彩花生、甘薯、玉米面、玉米渣、鲜玉米、各种水果等被游客抢购一空。通过此次活动，网站的点击率明显上升，网上订购也愈来愈多。

　　2015年大兴"春华秋实"金秋旅游季系列活动由大兴区旅游委主办，以"城南绿海，甜美大兴"为主题，整合全区十大主题旅游小镇秋季旅游资源和特色产品，内容包括10大旅游景点、52个观光采摘园、32个特色美食宴及10条精品旅游线路等内容。本届金秋旅游文化节采取"亲民、节约、环保"的办节理念，丰富节庆旅游文化内涵，以"金秋谷熟，追忆乡愁"为主题，倡导游客环保低碳生活，回归生态自然田园。通过举办系列旅游活动，推动镇域旅游经济发展，促进当地农民增收。

第四节 农事节庆 装点大兴

农事节庆是打响农业品牌的一条有效捷径。它能够使消费者通过创建活动，加深对农业品牌的认知，扩大品牌影响力，提升品牌的知名度和美誉度，培养消费者对品牌的忠诚度。农事节庆多以区域特色农产品品牌为依托，调动一切与该品牌相关的品牌历史、风俗流传、产品特色、文化特色、特有仪式、农事习俗等相关的农业资源，精心组织设计节庆活动的内容和形式。在促进经济发展的同时，更丰富了消费者对农产品品牌的认知，提高了品牌的知名度、美誉度和消费者的忠诚度，大大提升了品牌的影响力。

大兴的农事节庆活动起始于 20 世纪 80 年代的大兴西瓜节，通过以瓜为媒、广交朋友的办节理念，实现了推动地方经济的目的，扩大了大兴的知名度和影响力，西瓜节的成功举办积累了宝贵的经验，此后，金秋百果节、桑葚节、葡萄节等各种节日如雨后春笋般蓬勃开展起来，这些节日向外界推介了独具地方特色的农产品，提高了大兴在北京乃至全国的知名度，装点了大兴，有力地促进了地方经济的发展。

庞各庄旅游文化节

大兴庞各庄镇旅游文化节从 1993 年首办至今已经连续举办了 24 届。梨产业是庞各庄镇的传统主导产业，该镇种梨的历史已达 400 余年，当地盛产的"金把黄"鸭梨早在 1593 年就曾作为贡品进献皇宫，可谓历史悠久。该镇梨树面积和产量占全市之首，年销售收入 4500 万元。镇内有华北地区唯一的古梨树群，每年凭此吸引着上万游客的到来，村里部分旅游接待户每年收入达二三十万元。"万亩梨园"现存百年以上古梨树 3 万多棵，其中"金把黄"贡树已有 400 多年的树龄。现在的梨园不仅有金把黄鸭梨、广梨、京白梨和红肖梨等大众品种，还有酥梨、子母梨、绿宝石、五九香、黄金梨、丰水梨、小酸梨、皇冠等 30 余个小众梨品，更有梨农通过嫁接技术让一棵梨树上长出 56 个品种的梨，在增加梨树的观赏性的同时，也提高了梨树的价值。大兴庞各庄镇旅游文化节在春秋两季，各举办一届，春季以赏花为主，秋季以采摘、观光旅游为主。近年来，庞各庄镇坚持走品牌强镇、文化立镇、和谐建镇、环境造镇的科学发展之路，建设生态休闲旅游特色新市镇。尤其在永定河水岸经济带发展建设中，利用万亩梨园优秀的文化资源，提升旅游档次，为生态建设与产业发展的相互促进、有机融合开辟出新路子。

每年 4 月，万亩梨花盛开，洁白如雪，香飘四海。赏万亩花海、品乡村美食、看文艺演出、参加文化活动是历年来赏花文化节必不可少的内容。秋季百果成熟，梨香染醉，海内外游客相聚庞各庄，享受人间美味。大兴庞各庄镇旅游文化节从 9 月上旬开始一直持续到 10 月上旬。为了让游客在吃、住、行、游、购、娱等方面都能"高兴而来，满意而归"，庞各庄镇推出了系列旅游文化活动。如"健身金秋"公益骑行体验游，号召大家响应环保生活方式，鼓励人们更多关注和选择低能耗、低污染和低排放的绿色出行方式并将庞各庄绿色、健康、宜居的形象展现在居民面前；"魅力金秋"庞各庄小镇自驾游，通过黄金线路自驾游的形式将最美小镇——庞各庄镇的风采展示在居民面前。采摘节期间，还举行西陆评剧"顶锅"巡演，"幸福中国梦、唱响新生活"农民合唱大赛等文化活动，让游客在体验采摘乐趣的同时，也能享受到民俗文化的盛宴。

采育葡萄文化节

采育葡萄文化节始于 2001 年，一般于每年的 8 月 18 日在大兴区采育镇举行。

2001 年，采育镇于 8 月 18—27 日举办了首届北京大兴采育葡萄文化节。节日期间，旅游、观光、采摘和慕名前来洽谈项目的客商云集采育，达 10 万余人次。

采育葡萄节

人们欣赏到了十里葡萄长廊的美景；品尝了亲手采摘的鲜美葡萄；亲手酿制葡萄鲜汁；现场制作葡萄盆景。夜晚，参加葡萄酒会，和着月色品味"葡萄美酒夜光杯"；游客与老农在葡萄架下共话农事，追忆往昔岁月，在享受欢娱的同时，体会到了回归大自然和向往新生活的朴实的文化内涵。从 2002 年起，经采育镇人民代表大会讨论通过，每年举办葡萄文化节，文化节成为采育的传统节日。

采育镇共有早、中、晚熟葡萄 100 余个品种，有酿造干红葡萄酒的赤霞珠、品丽珠，酿造干白葡萄酒的贵人香、赛美蓉以及鲜食葡萄红提、黑提、京亚、京秀、玫瑰香、金手指、冰葡萄、左右红、无核夏黑、无核青提、马奶提、旭旺、黑天鹅、早黑宝、里扎马特等。为提高葡萄质量，采育镇引导葡农使用无公害、无残留农药、有机肥，推广葡萄套袋、避雨栽培、微灌、生物防治及安装交流电杀虫灯、铺设防雹网等 30 多项生产技术，获得了国家绿色食品标志使用权，与北京丰收葡萄酒有限公司合作，酿造出了 80 多个品种、品质优良的"丰收"牌葡萄酒，酒中的白藜芦醇含量达到相当高的水平。如今，采育万亩葡萄观光园已成为全镇农业观光、民俗旅游和果品采摘活动的接待中心。到 2016 年，采育镇成功举办了第十六届"北京大兴采育葡萄文化节"，进一步提高了采育镇的知名度。16 年来，累计接待世界各地游客 300 余万人次，促进了全镇农业观光产业和镇域经济的发展。

北京大兴采育葡萄文化节以建设社会主义新农村，构建社会主义和谐社会为出发点，以实现生产发展、生活宽裕为目标，以促进农民增收为落脚点，以采育镇域概念性规划为办节灵魂，以"5321"工程，实施"五抓五跟进"思路为办节根基，不断创新，博采众长，推陈出新，吸引了世界各地的游人到采育镇观光、采摘、投资建业，成为大兴代表性的节庆活动之一。

🌿 安定桑葚文化节 🌿

安定镇 2001 年 5 月 22 日至 6 月中旬举办首届桑葚采摘节，至 2016 年已连续举办了 16 届。

安定镇有着上千年的种桑历史，拥有华北最大、北京地区独有的千亩古桑园。其中古树树龄最老的达 500 年以上，相传自东汉年间已有种植，明清时期所产桑葚更是作为皇宫大内贡品出现在紫禁城内。

御林古桑园，坐落于安定镇岔河河畔的千亩古桑林内。沿庞安路起点 京开高速瓜乡桥一路东行，经安采路行驶两公里即是。自黄村火车站至长子营镇韩营村的公交 17 路在此设"古桑园"站。御林古桑园北隔岔河与高店、后野厂村遥望，东与前野厂村毗邻，南部和西部均与万亩次生林叠翠相依。从 2002 年开

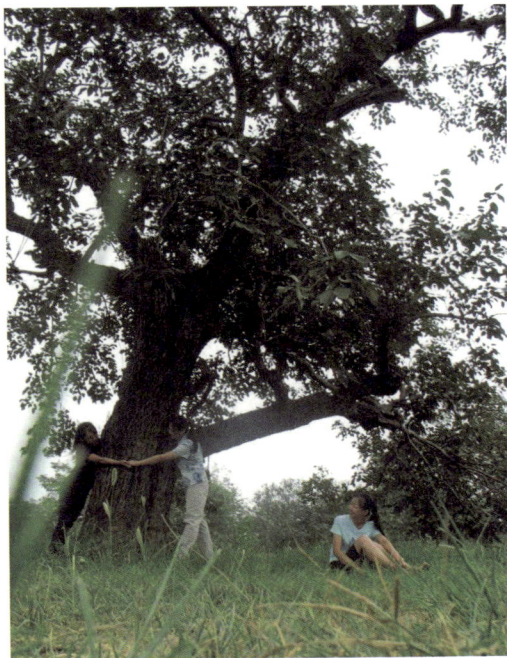

桑葚文化节

始，安定镇抢抓发展机遇，整合资源优势，打造古桑文化品牌，以桑产业带动镇域经济、文化和旅游事业全面协调可持续发展。2003年，该镇被中国优质农产品开发服务协会先后确认为"中国桑葚之乡"和果桑有机食品基地。2004年，经国家林业局批复，该镇又将千亩古桑林的精华部分规划建设成为现在的"大兴古桑国家森林公园"。 2010年，御林古桑园被列入全区十大观光休闲农业园区提升工程。目前，该园已成为集观光、采摘、文博、科普于一体的综合性园区，并被评为市级农业观光园。

御林古桑园三大特色

果品特色：桑葚，作为古桑园的主要产品，其营养极为丰富，有"东方神木""圣果"的美称，中医认为桑葚味甘性寒，有生津止渴、补肝益肾、通便利尿等功效，自古以来就作为中药材被广泛应用，享有"果皇"之称。御林古桑园出产的桑葚主要有白蜡皮、黑珍珠、红蜻蜓等几个品种，特点是味美、个大、多汁、艳丽美观。明清时期，安定出产的蜡皮桑葚就作为进奉皇宫大内的"贡品"。

桑树浑身都是宝，做药、养蚕、饮用、酿酒，都具有很高的价值。除此之外，御林古桑园还具有丰富和神秘的文化内涵，适宜开展科学考察、风景游览、休闲健身、农业采摘等活动。近年来，安定镇进一步完善御林古桑园的整体功能，突出独特的"桑"文化渊源，弘扬和传播"桑"文化。

御林古桑园景色优美，园内有草坪、河流、小桥、仿古凉亭，郁郁葱葱的古桑树，积淀了深厚的文化，盘古问今，似桑林间潺潺溪流的诉说，绿波荡漾，波光粼粼，鱼翔浅底，绵延山坡，随水而行，起伏有序，好似一幅天然的泼墨山水画。在园内的游客穿行在古桑林中，边赏风景，边采桑葚，欢声笑语在古桑林中飘荡。 文化节期间，安定镇还举办"御林墨韵"第三届书画艺术笔会、"御林扬帆"第二届就业直通车人才招聘会、"御林安康"第三届名医大型义诊、"御林书香"第三届图书下乡文化惠民日活动、"御林文苑"百姓文化活动季会演、"御林有约"安定圣果周末亲子游等丰富多彩的文化活动。

❧ 湿地文化节 ❧

湿地公园主区位于长子营镇东北部，紧邻京津塘高速，毗邻亦庄新城。湿地自然资源良好，水量丰沛，水质清澈，生物多样，水生态景观独特。3000 多亩湿地群落成为北京东南部非常稀有的自然资源，也称之为首都南部的"绿肾"，是市园林绿化局规划建设的十大湿地公园之一，具有湿地保护与利用、科普教育、湿地研究、生态观光、休闲娱乐等多种功能的社会公益性生态公园。

为了充分唤起人们的环保意识，宣传大兴，提高长子营镇的知名度，推动当地经济发展促进农民增收致富，长子营镇政府于 2014 年主办了首届湿地文化节。活动期间，各地游客慕名而来，看演出，尝美食，在绿水蓝天下畅游在接天碧荷之中，乐趣无限，激情无限。

2015 年 9 月 20 日，长子营镇举办了第二届湿地文化节。 活动分 3 个会场，分别奉上精彩的文体活动。其中，呀路古是第二届湿地文化节的主会场；小黑垡湿地以绿色 DIY 为主；军民结合产业园以拔河比赛、舞龙表演、沁水营神叉老会表演为主。

小黑垡湿地公园为"珍惜生态资源 争做环保达人"亲子 DIY 活动的主场

湿地文化节

地。活动中小学生们发出环保倡议，号召大家从不同方面关爱自己的家园，从身边的小事做起，为美丽家园生活环境变得更加文明、洁净贡献自己的一份力量。

呀路古热带植物园为民间手工艺展示，由赤鲁村妇女捏制的月季插花、山楂卡通娃娃、历史人物、戏曲人物及花鸟鱼虫形象逼真，方不盈寸，所塑人物造型独雅而生动有神，鸡、鸭、孔雀、喜鹊等飞禽类造型夸张且尾羽动感十足。花馍蒸出后用品色点染开脸，设色浓艳、对比鲜明，产生强烈的艺术效果。

在军民结合产业园区，拔河比赛、非物质文化遗产神叉老会表演、传统技艺舞龙表演以及特色广场舞表演、星火演出、团体文艺演出等更是精彩纷呈。

伍

第五章

西瓜文化

　　在大兴，西瓜这一绿色尤物，有多少可言说的妙处呢？此处须从大兴这"瓜乡"美誉讲起了。大兴庞各庄镇是京郊永定河生态经济发展带上著名的中国"西瓜之乡"，又是"全国环境优美镇""首都文明镇""首都绿化美化园林小城镇"。"西瓜"是庞各庄的象征、代名词，是骄傲，可以说"西瓜节"已经成为一张名片，从以瓜为媒的大兴一日游，到众多新景观的建设和现代产业空间的不断拓展，这张名片上印着大兴区从一个传统农业大区向高端产业新区跨越转型的脚步。说起来，瓜乡的西瓜远不止一种令人垂涎的水果，更是一方水土滋养出的"绿色宝珠"。

第一节　大兴西瓜是传承

历史人文与传承

"采得青门绿玉房，巧将猩血沁中央。结成晞日三危露，泻出流霞九酝浆。"这是明代诗人瞿佑写的一首西瓜诗。从外到内生动形象地描绘出西瓜的形、色、味，读过之后令人口齿生津，回味无穷。

作为世界十大水果之一，喜欢西瓜的人自然不计其数。"西瓜"一词，最早见于宋代欧阳修所撰的《新五代史》《四夷附录》一书。距今1000多年前，河北省已有种植，并传入北京。

中国占世界西瓜种植面积的40%，产量居世界第一位。西瓜原产非洲热带沙漠，汉代以前通过"丝绸之路"传入西域（中国新疆）。辽中期在北京和中国北方地区普遍种植。金代时成为夏季进献皇宫太庙的主要瓜品。

据史料记载，大兴西瓜为贡品直到清末，元、明、清三朝相沿不断。大兴西瓜种植以庞各庄地区为中心，且以庞各庄西瓜最为著名。是北京市主要西甜瓜产区。经过多年种植，技术不断改良创新，通过采用薄膜覆盖等技术措施，大兴西瓜实现了终年上市，产量和质量均有大幅度提高。自1986年以来，大兴西瓜多次在北京市的西瓜评比鉴定会上获得

西瓜博物馆

第一。

　　大兴区西瓜种植以庞各庄地区为中心，庞各庄周边 6 镇所辖的 200 多个村庄均以种植西瓜为业，其中以庞各庄西瓜最为著名。大兴每年西瓜种植面积 8 万亩左右，西瓜总产 2.6 亿千克，面积、产量均居京郊各区县之首。长期种植西瓜的历史，形成了大兴独特的西瓜文化。随着"西瓜文化"的传播和民俗旅游活动的开拓，庞各庄西瓜作为友谊的桥梁，连通了海内外朋友的心，不少海内外人士慕名而来，参加西瓜盛会，游览田园风光。在风景绮丽的瓜园里，亲手挑瓜、摘瓜、品瓜，和瓜农们一起欢度佳节。大兴西瓜节的开办，也使瓜农们尝到了实惠。每到瓜秋，庞各庄西瓜不用出地，就已被客户订购一空。

🌿 地理特点 🌿

　　说起庞各庄种植西瓜至少也有几百年历史了。大兴为著名的西瓜主产地和集散地，西瓜种植历史悠久。在距今千年的辽太平年间（1021—1030），大兴就有栽培西瓜的历史。大约 400 年前，明万历年间，就有庞各庄为皇宫进贡西瓜，祭祀太庙的记载。庞各庄地处永定河冲积平原，有着得天独厚的自然环境和地质条件，气候属于暖湿带半湿润大陆季风气候，昼夜温差大。土壤下层是金黄色的壤土，上层为银白色的沙土，人们称之为"金托银"的蒙金宝地。这优越的自然地理环境，使得庞各庄西瓜独领风骚。在同样品种、同样栽培方法和技术条件下，庞各庄一带的西瓜含糖量要高出其他地区一至两度，口感也是其他地区望尘莫及的。

　　大兴地处北京东南，位于洪积——冲积平原，多为沙性土，5—7 月间，平均气温为 20—26℃，自然条件有利于西瓜生长。同时，这里的种瓜能手们有着丰富的种瓜经验，所产西瓜素以沙、甜、脆著称，在京津一带颇负盛名。

大兴西瓜实施国家地理标志保护新闻

品种开发：无土栽培西瓜

第二节　大兴西瓜是创新

❧ 品种开发 ❧

为了提高西瓜的亩产和收益，大兴区积极推广新优品种和先进种植新技术，实施多项举措实实在在提高瓜农的收入。针对距离首都市场近、高端消费群体庞大、对西瓜质量要求高的特点，大兴区积极引进推广优良品种，每年引进 100 余个西瓜品种进行筛选，筛选的原则是产品质量高、易坐瓜、雄花多且花粉量大、抗病性强、适合保护地生产。通过筛选优良品种，丰富了西瓜品种类型，优化了品种结构，确保能够满足不同消费群体的需求，增强了大兴西瓜在首都市场的竞争优势。同时，积极推广小型西瓜棚室上架栽培模式。小型西瓜具有外形美观、肉质细嫩、汁多味甜等优良品质，深受消费者青睐。通过不断研究，摸索出了小型西瓜设施吊蔓高产栽培种植模式，使单位面积产量增加 10%~15%，效益增加 500 ~ 1000 元。

大兴的西瓜全国知名，其口感以沙、甜、脆、爽口著称，近年来主栽品种"京欣一号"，1986 年、1987 年、1988 年在全国西瓜早熟品种评比中获第一名。

❧ 种植技术开发

大兴西瓜品种多，口感好，有气候、土壤适宜种植的因素，但更重要的是科技人员的悉心指导和瓜农的精心培育。种瓜不是一件容易的事，从每年 1 月下旬的育种秧苗到 5 月底西瓜成熟，薄皮脆沙瓤的甜西瓜浸透着瓜农们辛勤的汗水。"卖瓜都讲究好口碑。"瓜农们常常这样说。下苗、打蔓、对花……这些都是瓜农们的专业术语，每一步都马虎不得，这也是保证西瓜品质和提高产量的关键。

大兴西瓜的官方网站上，我们看到了一组珍贵的照片资料。瓜农们手持种瓜技术读本，向农技员请教着实际种植中遇到的问题。

大兴区在西瓜种植方面不断采用新技术，西瓜品质也不断提高。今年，节水栽培、省工栽培、与草莓等果菜的间套作、推广适合观光采摘小型西瓜上架栽培延长采摘期等新技术得以示范推广，起到了节水节肥增产、降低成本等良好效果。目前，大兴区西甜瓜种植面积达 8 万余亩，其中设施西瓜种植面积超过 6 万亩。每年试验、示范、试种、推广新品种达百余个。

"蜜蜂授粉"大兴西瓜在贴新标签

细心的消费者可能已经发现，今年的大兴西瓜多了一个小蜜蜂的新标签，据专业人员介绍，贴有这种标签的西瓜都是由蜜蜂自然授粉培育的，不仅口感更好而且无公害。从 2011 年开始，在国家西甜瓜产业技术体系与农业部公益性行业专项的支持下，蜜蜂自然授粉技术开始在大兴区推广。通过示范和专业的技术指导、培训，今年有 200 多个大棚采用了蜜蜂授粉技术。这一技术的推广和应用不仅为瓜农节省了人力和财力，同时也受到广大消费者的欢迎，因为这样种出的西瓜更加原生态。

1991 年庞各庄镇获农业部"早熟优质西瓜'京欣一号'选育与推广技术进步一等奖"。

为适应首都市场需求，大兴区积极推广新优品种和先进种植技术。通过开办西瓜种植技术培训班，讲解西瓜育苗、嫁接、移植、施肥、用药、病虫害防治及日常管理等方面的知识，请专家答疑解惑，为西瓜种植提供了重要的技术支持。

为有效提高西瓜品质、产量，并让西瓜提早上市，近年来，大兴区推广综合配套技术。分别是：推广优良品种，例如"超越梦想"，这种西瓜甜脆爽口，不爱裂瓜，商品率高；推广嫁接育苗技术，给西瓜苗换上南瓜根，这样瓜秧就有一个能吃能喝不怕冷的"好嘴"，吃得多就长得壮，结瓜多；推广多层覆盖技术，好比给大棚穿了件"小棉袄"，栽苗时间由 3 月下旬提早到 3 月上旬，上市时间提前到 5 月中旬以前；推广人工授粉、蜜蜂授粉技术；推广二氧化碳施肥、菌肥、中微量元素施肥技术，提高西瓜甜度、品质。

科技应用

上了年岁的人都知道，解放初期庞各庄种植的是"黑蹦筋"西瓜，20 世纪 60 年代培育出了甜度高产量大的"早花"西瓜，以后又更新为"旭东"西瓜，到了七八十年代开始种植"郑州三号"。品种的不断更新，使得庞各庄西瓜种植循序渐进，长足发展。1985 年，北京市农科院培育出"京欣一号"良种西瓜，经瓜农邵连发试种成功。自 1986 年以来，"京欣一号"连续在北京市西瓜评比中获得第一名，1989 年又荣登全国早中熟西瓜品种评比的榜首，成为首都市场最受人们青睐的高档西瓜品种。这些年，庞各庄在祖辈相传的种瓜技术的基础上，用现代科学技术指导西瓜种植，大力推广育苗移栽，地膜覆盖，无公害栽培等新技术，不断实现西瓜品种的更新换代。经过多年的科学实验，庞各庄西瓜栽培技术日臻完善，目前已形成京欣、航兴及小型瓜种三大系列的品牌西瓜。每年，以庞各庄为中心的 6 个镇，200 多个村庄，种植近 10 万亩西瓜供应首都，因而北京市场有了"京华西瓜半大兴"的美誉。

为了保证大兴西瓜的品质，大兴区采取多项措施确保大兴精品西瓜生产。从 2003 年开始至今，大兴区已建设西瓜标准化生产示范基地 23 个。为确保基地安全生产，专门成立督导检查工作组，对本区内已建立的 23 个西瓜标准化生产示范基地开展检查工作，使各基地真正达到标准化的要求，围绕西瓜产业，突出品种、品质、品牌，提高市场竞争力，促进农业增效农民增收。

第三节 大兴西瓜是品牌

本身的品牌

1995 年庞各庄镇被农业部命名为"中国西瓜之乡"。1997 年注册"京庞"牌庞各庄西瓜商标，是中国第一个西瓜品牌。1999 年 9 月"京庞"牌西瓜被中国国际博览会认定为名牌产品。2000 年庞各庄镇被评为中国特产之乡开发建设先进单位。

大兴西瓜的主产地是以庞各庄为中心及周边的 6 个镇，统称"庞各庄西瓜"。在历届擂台赛"瓜王"品牌的基础上，大兴区做足西瓜文章，在今年 9 万亩的西瓜种植面积中，有棚室面积 4 万亩，庞各庄、北臧村、安定、礼贤、魏善庄、榆垡 6 个镇，种植农户约 2.6 万户。经过科学引导，逐渐沿庞安路两侧发展成一个西瓜产业带。还推出乐平御瓜园、老宋瓜趣园、东方绿洲西瓜采摘园等 40 多个西瓜精品旅游采摘园。依靠观光采摘，提升西瓜的附加值，增加农民种瓜收入。

随着西瓜品质的提升，引发了历代文人墨客高吭西瓜的奇妙。清代的《大兴县志》更是把大兴西瓜作为"天下首邑"的农业品牌之一。

响亮的品牌，靠的是过硬的品质。为确保农产品从产地到消费者的安全可追溯，大兴区还建立了质量追溯平台，为农产品建立电子档案，记录与产品有关的生产、加工、销售、检测等各类信息，实现对产品全链条的质量追溯，保证食品安全。大兴西瓜也都有了"质量身份证"，消费者可以通过互联网、触摸屏、电话和手机短消息等多种方式，查出这些西瓜产自哪块田、施过几次肥、浇过几次水、质检结果如何等信息。大兴西瓜按照无公害西瓜生产技术操作规程种植，没有任何人工催熟，实现了真正的自然原生态，因此供不应求。

挖掘西瓜文化

随着西瓜产业文章越做越大，品牌化发展成主流，西瓜种植户依靠自己的品牌建设提高了市场影响力和占有率。

竞争出品牌·擂台

在瓜农眼中，擂台赛是展示自我的一个很好的舞台，也是以瓜致富的好途径。可以说，经过严格评选出的瓜王，就是品质的保障。"老宋西瓜"便是因全国西甜瓜擂台赛而树起的西瓜品牌。在往届的擂台赛上，老宋的一个大西瓜，甚至拍出过 1.32 万元的高价。在西瓜销售市场，贴着"老宋"标签的西瓜，往往卖得比普通西瓜贵一些，而消费者的认可也让其销量连年增长。

大兴西瓜榜上有名，这名气不是自吹自擂就能得到，而是以优秀的品质为基础，靠的是消费者的口口相传。昔日的宫廷贡品，经过上千年的传承、改良，成为了人们信赖和喜爱的品牌。

值得一提的是，每年一届的瓜王擂台赛，会吸引全国各地的种瓜能手前来打擂，比赛只是一种形式，更重要的是选手们互相学习、不断提高的过程。激烈的角逐更能激励参赛选手们不断提高西瓜品质，从而提升整体质量。

擂台赛年年摆，瓜农们的进取心也是一年更比一年强。今年的擂台赛上，把食品安全作为重要参赛条件之一，要求所有参赛西瓜必须经过食品安全检查才能参赛。专家在现场通过品尝每个瓜，以甜度、口感、质地、有无异味等为评判的标准，打出分数，共角逐出大型西瓜重量奖、中型西瓜综合奖、小型西瓜综合奖、甜瓜综合奖、新品种奖、生产艺术奖、优秀奖7个西甜瓜评选奖项。

在擂台赛现场，大西瓜，小西瓜，造型各异的西甜瓜，在艺术造型、甜度等方面各有各的优势，可谓琳琅满目。参赛的西瓜中，除了北京人爱吃的本土品种，还能见到如 L600 这样的从日本引进的西瓜品种。可以说，擂台赛早已成了引导西瓜流行的风向标。前几年，农科站的专家根据京城百姓多为三口之家的特点，培育出袖珍西瓜，一度成为擂台赛上的亮点，而很多瓜农在自己多年实践中的大胆尝试更是结出了丰硕的成果。比如那"牛奶西瓜"就是一户瓜农突发奇想而着手实验所得。在不断的学习和贴近土地的实践中，这些传统的农家把式修炼成了大半个种瓜专家。瓜田里的新鲜事也越发多起来。西瓜除了"喝"牛奶，还"吃"上了芝麻饼等食物，每天晚上要听两小时的贝多芬交响曲或是萨克斯曲等音乐。据研究员解释，这些属于物理农业技术，对于西瓜的影响不容小觑。

北京大兴西瓜节擂台赛

招商引资载体

在大兴西瓜的品牌影响下，家乐福、沃尔玛、超市发等大型超市慕名而来，直接与农户签订购瓜协议，将大兴的西瓜摆上了超市的货架。随着炎炎夏日的到来，有着"水果之王"美誉的西瓜，销量攀升，为属地瓜农带来了丰厚的回报。

西瓜节是一场欢乐的盛会，为了迎接远道而来的朋友，大兴深挖旅游资源打造了庞安路、魏永路等 6 条农业旅游休闲产业带；在老宋瓜园、乐平御瓜园等 149 个农业观光采摘园，不光能采摘到西瓜，还有桑葚、樱桃、黄瓜、西红柿等多个品种的瓜果可以选择。田园秀美的大兴，工业旅游稳步发展，可口可乐、新能源汽车、奔驰生产线、三元牛奶等 10 余家企业成为新区工业旅游景点。

当西瓜节成为大兴发展的一个品牌时，西瓜便成为北京南部一道颇具魅力的绿色美景，每每吸引着世人瞩目，从而也"让大兴走向世界，让世界了解大兴"，这句话，正是 1999 年大兴西瓜节首次走进城区的办节目标。是年，在农展馆举办了"第十二届北京大兴西瓜节大兴经济发展展示会"和"大兴西甜瓜展销会"，西瓜作为一个"地区名片"的效应正式形成。次年西瓜节的理念更加突出经济发展这一特性，即"运用市场机制、经营无形资产；调动社会资源、铸造瓜节品牌；展示产业成果、捕捉发展商机"。

进入 5 月的每个周末，瓜乡大道两侧随处可见停靠的私家车，全是来买大兴西瓜的。规范的瓜棚，优美的环境，吸引了越来越多的游客。以前一到西瓜成熟的季节，瓜农都在路边支起简易棚卖瓜，路窄、人多，导致交通拥堵、环境混乱，让不少游客也都望而却步。如今，在帮助农民打通销售渠道的同时，大兴区开发农业的生态、生活功能，投资近亿元，建瓜乡大道，将沿途 1.5 万亩设施保护地西瓜连成片，把这里打造成一条都市型现代农业观光休闲产业带，不仅能够满足市民对高档、多样农产品的需求，同时，还能让长期在城市居住的市民们体验到都市型现代农业园区的田园风光。

目前，以西瓜为主要产品的合作组织已达 60 多个，"乐平""老宋"等西甜瓜品牌也是赫赫有名，这些品牌的西瓜在超市卖场总被放在最显眼的位置。现在，老宋瓜果专业合作社的西甜瓜从合作社的大棚里摘下来，就直接上了北京城乡集团位于公主坟、小屯、苏州街的三家大型超市专柜销售，西瓜一进超市，就受到热烈欢迎，西瓜柜台前人头攒动，都是挑选西瓜的消费者。

为拓宽农产品流通渠道，大兴区为合作组织和超市卖场搭建了"农超对接"洽谈会平台，在此平台上，合作组织与各大超市达成了多项合作意向，西甜瓜进超市是其中之一。"农超对接"的实施，一方面将精品农产品打入高端消费市场，进而提高了大兴区农产品品牌的知名度；另一方面减少了农产品流通的中间环节，将流通利润分给合作组织、消费者及超市，实现了多方共赢。

在第二十四届北京大兴西瓜节期间，举办了为期三天的"绿色流通，便民惠农"系列活动暨特色农副产品供需对接会，组织邀请市、区规模综合超市、餐饮企业与农村专业合作组织、商业企业直接洽谈，建立农产品从田间地头到现代超市、到市民餐桌的快捷通道，推动农超、农企、农餐、农社四对接，为供需双方搭建起交流与合作的平台，有效发挥"绿色流通"的保障性、服务性作用。活动期间，共签约项目 21 个，预计全年销售农副产品 5500 吨，交易额突破 7000 万元，减少农产品流通成本 15% 左右，增加农民收入 15% 以上，共有来自京津冀地区客商 200 余人参与洽谈交流，累计观展观众和客商 5700 人次，农副产品现场展卖活动直接交易额超过 30 万元。

"农超对接"搭建交易平台，一个个新鲜的还带着露珠的大西瓜直接进入超市，上了百姓的餐桌。瓜农和消费者足不出户就能做成买卖，看似简单的销售方式的转变，实则是拓展流通渠道，减少流通环节，降低流通成本，构建现代流通体系的实践，它方便了广大百姓，促进了西瓜产业的发展，富裕了大兴的农民。

为切实保护"大兴西瓜"品牌，2007 年，"大兴西瓜"获国家地理标志产品保护，对大兴西瓜地块全部使用 GPS 卫星定位技术进行锁定，种植技术按照标准严格统一，对专用标志的使用实行网络化管理，受保护的大兴西瓜销售由指定销售点进行专卖，并实行严格的质量追溯制度。

新时代的经济文化发展，为西瓜节带来了全新的活力，而西瓜节的变迁，也正体现了大兴的发展轨迹。

第四节　西瓜为媒，食的精神文化

≈ 西瓜节的故事 ≈

大兴西瓜节，是大兴区政府主办的以西瓜为主题的经济文化活动，办节宗旨为"以瓜为媒，广交朋友，宣传大兴，发展经济"。

随着时代进步，大兴西瓜节上各项活动不断丰富。从最初的西瓜展销到如今的农超对接；从昔日街头卖瓜到如今以瓜为媒拓展大兴一日游；从过去的传统农业到当下的南部现代制造业新区……大兴发展的蓝图清晰展现。通过这些变化，我们看到的是当代农民的转变，现代都市农业的转型以及消费者生活品质的不断提升。

西瓜节开幕之前，为更好地宣传新区旅游资源，弘扬历史文化，加强区域融合，展现导游风采，全面推进大兴区旅游事业健康快速发展，2012 年大兴举办的"北京百名导游讲大兴"比赛预赛在大兴区文化馆小剧场举行。活动会集了全市多家旅行社、旅游企业近百名导游人员。比赛现场，选手们通过深入挖掘《这里是大兴》故事集中的精选部分，充分运用形象生动的语言对大兴的文化遗迹、名人传说及风土人情加以诠释。

第一届大兴西瓜节开幕式在大兴影剧院举行，丰富多彩的西瓜游艺活动吸引了国内外 70 余万人次参加，庞各庄西瓜成为"畅销货"。第五届大兴西瓜节期间，全国第一个以单一农产品为主题的博物馆——大兴西瓜博物馆开馆，展示了西瓜的历史、西瓜的种植等。第八届大兴西瓜节，庞各庄镇荣获"中国西瓜之乡"的美誉，大兴西瓜生产步入设施农业发展阶段。在第十四届大兴西瓜节的精品西瓜拍卖会上，庞各庄镇宋宝森培育的"宇宙王"西瓜拍卖出 1.32 万元的天价，被列入吉尼斯世界纪录。第二十届大兴西瓜节恰逢奥运年，西瓜节与北京奥运会相结合，与大兴新城建设相结合，与新兴产业发展相结合，与新农村建设相结合，不断增强其参与性、创意性、娱乐性。让大兴西瓜节逐步提升为一个科技的、创意的、时尚的、充满活力的节庆活动。

打上生肖图案的袖珍西瓜

　　第二十四届大兴西瓜节以"新区的名片，世界的舞台"为理念，以"我们的新区，您的未来"为主题，本着创新办节的理念，突出"节庆"氛围，突出市民参与性和娱乐性。主要活动包括西瓜节开幕式、旅游系列活动、全国西甜瓜擂台赛、"绿色流通、便民惠农"系列活动、西瓜节系列文艺演出等活动，宣传新区深度融合发展的新成就和实施"十二五"规划的阶段性成果，展示新区人民践行北京精神，昂扬向上的精神风貌。让每一位参与者体验新区发展，享受甜绿生活，感受首邑雄风。

　　每届西瓜节都见证了大兴的发展与辉煌。随着城南行动计划实施、大兴区和北京经济技术开发区行政资源整合等一系列重大利好条件和发展机遇，近年来大兴区发生了翻天覆地的变化，尤其是与北京经济技术开发区整合后，新区作为首都二产的主阵地、作为北京战略发展的新空间，将重点发展"十大高端产业"。目前新区已经聚集了77家世界500强的109个项目。

　　"十二五"期间，新区按照"战略产业新区、区域发展支点、创新驱动前沿、低碳绿色家园"的总体定位和"一体化、高端化、国际化"的总体目标，努力构筑"三城三带一轴多点网络化"的城乡空间新格局，构建"一区六园"产业格局，力争成为首都战略性新型产业引导区、高技术制造业核心区、体制机制创新先导区和低碳绿色发展示范区，全力建设南部高技术制造业和战略性新兴产业聚集区，形成"三座新城矗立、高端产业集聚、环境宜业宜居、人民文明富裕"的美丽画卷。

　　在西瓜节期间，"市民大兴一日游"更是通过说西瓜，向北京市民讲述了大兴的风貌和风采，来自北京城区的市民代表，当天沿着6条路线，体验"一工、一农、一餐"为内容的大兴特色"一日游"，广播大型群众互动性旅游节目《寻宝总动员》更是发挥其声音特长，向广大听众讲述大兴的西瓜，凸显了旅游的文化内涵，增加了群众参与性、趣味性、互动性，围绕旅游景点、名人典故、地名趣谈等内容，展开丰富多彩的旅游推介，打造了受众听觉、视觉的盛宴。

　　西瓜丰收的日子，是味蕾欢悦的时节，也是大兴群众欢歌热舞秀文化的好时候。西瓜节，以瓜会友，以文化惠民生。正如这一届西瓜节，围绕着群众乐享文化大做文章，文艺演出贯穿整个西瓜节活动，西瓜节期间安排各类文艺专场演出20余场，首都各专业团体和区、镇、村三级的演出队伍同台演出，为广大游客送上一道视听盛宴。

　　看罢文艺演出，还能感受文化成果。在南海子，移动房车成为展示载体，集中展示新区在高端产业集聚、都市型现代农业发展、非物质文化遗产保护、旅游商品开发等方面取得的成果。游人在这里可以看到创意西瓜、古琴、历代书画作品。

　　随着新区一体化、高端化、国际化进程的稳步推进，对于市民综合素质的提升愈加重视。这就要求新区百姓不但要在群众文化活动中动起来，更要主动接近高雅文化，在贴近艺术精髓的同时，寻求本性与其共鸣，陶冶情操。为了让新区百姓贴近高雅艺术有渠道，区委、区政府将工作细化到每一场演出，加强与中国爱乐乐团、中国国家话剧院、中国京剧院、北京市河北梆子剧团等一线团体的合作，将高水平演出请到了大兴，请到了老百姓的家门口。

可以说，每届西瓜节都见证大兴的发展与辉煌。很多一直关注大兴的朋友，都还依稀记得旧时的西瓜节，在今天的兴丰大街附近，犹如大集，商贩欢快的叫卖随着时间化为记忆。如今，大兴已不仅仅是北京的"菜篮子"，更是正在崛起的城南制造业新区。

擂台打出瓜友四方

以西瓜摆擂台，吸引的是全国各地的瓜农和西瓜爱好者。每年冲着大兴西瓜节尤其是擂台赛聚到大兴的四方宾朋数以万计。来自河北、山东、天津、浙江等省份的种瓜高手，带着精心培育的西瓜和甜瓜云集大兴区庞各庄镇，角逐全国西甜瓜擂台赛。

多年来，大兴庞各庄所摆的擂台，得到了全国瓜民的认可。在这里有着公平的竞赛环境，有着最高水平的专家队伍，更有着全国最优秀的瓜农参与。2011年，来自山东青岛的瓜农以一个36千克的"双星"西瓜夺得单瓜重量"瓜王"。每一次新瓜王的产生都激励着其他种瓜人再接再厉，继续在瓜田上努力做出锦绣文章。

在擂台赛现场，瓜农们比拼得紧张。工作人员用尺子量皮厚，用测糖仪器测含糖量，来自中国农科院蔬菜花卉所、中国农科院郑州果树所、北京市农科院、湖南农大、河北农大、北京市农业局、北京市农业技术推广站、大兴区种植中心等科研单位的10名专家现场为参赛西瓜和甜瓜打分……

游客们看得有趣。三五人结伴买上个刚从地里采摘的西瓜，一边品着西瓜的清甜，一边欣赏着艺术瓜的独特造型，兼而猜猜今年最大的西瓜会有多重，新一任"瓜王"会在哪家参赛选手中产生。有心人，还能选择多个西瓜品种，横向比较一下，西瓜美味之妙处的不同……

在瓜农心中，这擂台赛是荣誉之争，大家以瓜会友，切磋种瓜技艺，交流心得经验，除了摘得"瓜王"桂冠，拿了丰厚的奖金，向瓜王能手学习来的经验也是沉甸甸的收获。陕西蒲城县龙阳镇东王村的杨志俊种瓜已有 18 年，擂台赛上，他带来的瓶栽西瓜在陕西

西瓜节擂台赛成为全国瓜农认可的竞技平台

当地是知名的礼品瓜，因为种瓜，老杨可谓他们镇的名人，单是接受中央电视台的采访报道就有两次。杨志俊是冲着学习庞各庄的西瓜文化而来。方小意则是冲着拜师来的，这位来自湖北黄冈罗田匡河乡的瓜农曾是打工大军中的一员，金融危机让他返乡开始了农耕生涯，这一次借着擂台赛的机会，他特意拜参赛选手、大兴庞各庄西瓜协会副会长佟克良为师，学习种植西瓜。

为了增加群众的参与度，以西瓜为核心的擂台赛从瓜农延展开来。吃西瓜大赛，西瓜主题漫画比赛等活动丰富着西瓜文化的内涵，增加了西瓜带来的欢乐。西瓜节期间，车友瓜王挑战赛设立了"螃蟹瓜王挑战赛""空手道瓜王挑战赛"和"吃西瓜挑战赛"等多项趣味游戏，让来自北京市各区县的 20 个家庭共 60 余名自驾车友在激烈的比赛中，与西瓜来了一次零距离接触。

瓜乡的五月是甜美的季节。"千点红樱桃，一团黄水晶。下咽顿除烟火气，入齿便作冰雪声。"多少诗人吟哦过西瓜的奇妙。

一根根绿色的藤蔓，凝结的是勤劳、是汗水，结出的是硕果、是希望，见证的是发展、是辉煌……

在北京大兴，西瓜不仅是时令水果，西瓜也是品牌产业，西瓜更是特色文化。大兴西瓜的美名传遍天下，大兴西瓜产业和文化使得大兴的声望誉满四海，正所

谓有口皆碑者是也。口碑最能说明大兴和大兴西瓜在人们心中的地位，金杯银杯不如口碑，在大兴，人们通过口口相传，声声入耳，说着"大兴西瓜的那些事儿"；西瓜，在人们的传述中，成为一个美丽的传奇，反映了一个真实的大兴。

西瓜已经成为一张名片，西瓜节正逐渐成为一种文化符号，西瓜节是大兴的名片，也是全国乃至世界的舞台，文化是产业转型与提升的高附加值。当庞各庄西瓜成为大兴旅游业态的品质时，大兴民间诗人对西瓜的情感寓于新区美好的发展愿景。他们虽然是土生土长的大兴人或是在大兴工作的普通人，但关于西瓜的辞赋也绝对是上乘作品。他们原汁原味的西瓜诗里，处处可见思想张力的拉开，努力寻找生命的跃动，让人迷恋、释手不得。有的诗以瓜作载体，以"入世"的精神注解"出世"借瓜而宽襟怀；有的诗与其说是描写瓜的品格，不如说是作者的品格拟物化。有的诗用慎独的心理独白独一份追求、独一份清静。1998 年，大兴区委宣传部副部长吴凤琴和区文化馆干部齐庚林共同撰写的长篇报告文学《西瓜之梦》，讴歌 10 年西瓜节给大兴带来的新思想、新变化，并在《京郊日报》上连续刊登数十篇，在社会上产生积极的影响。随后，庞各庄梨花村的老支书寇殿荣，国税局退休干部张连和，老干部局写作组的焦宝云、翁维义、赵景贤等都留下了一些脍炙人口的西瓜诗。还有一位京南布衣先生在《大兴报》上发表《西瓜节赋》，"一壶瓜乡酒，万里铭瓜情，问君何能尔，心远地偏隅，风情叠瓜墙，迎风赋旖旎"。在《西瓜节赋》的结尾赋诗更是精彩，"瓜乡一本书，掩卷味无穷"。

西瓜节承载着历史和传统，同样也扮演着见证者角色，自 1988 年大兴举办首届西瓜节以来，二十八载风雨春秋。如今的新区，满眼春光、气象恢宏，已经完成华丽转身，走向崭新的高技术制造业和战略性新型产业新区。如今的大兴，林立的智能小区，火热的建设场面，实践了新城组团的发展效用。西瓜和文化、旅游、历史相融合，演变成了一个巨大的产业链，做出了一篇大文章……

陆

第六章

水润大兴

水是大地的血脉，抚今追昔，在大兴历史的画卷上，水域文化已经成为浓墨重彩的一笔。永定河、凉水河、凤河、龙河、永兴河（天堂河）……一条条河流伸展、奔腾，滋养着这方土地，演绎着人与自然相生相息的美好景象。有人说，永定河是京南一条护佑一方水土的"玉带"；也有人说，永定河一次次淹没这里的一切，也曾让这片土地荒凉贫瘠。一方水土养育一方人，正是这一条条奔腾的河流把生命的魅力绘刻在了这片土地上。

第一节　京南水系

北运河水系

想要了解一个地方的水域文明，必定先得知道这个地方的水系分布。流域内所有河流、湖泊等各种水体组成的水网系统，称作水系。大兴境内的河流分属两个水系：北运河系和永定河系。全境包括人工开挖河流在内，共 15 条河流，河道总长 240.96 公里，总流域面积 998.88 平方公里。全区境内大部分河流均起源于大兴西北部，依自然地势向东南呈扇状径流。

北运河水系属于海河水系北支，其中包括凤河、凉水河、凤港减河等河流。它们均起源于大兴区境西北部，为排灌两用河道，呈扇状分布，自西北向东南排泄全区径流。除凉水河、凤河以外，其余均为季节性河道。而在这一水系中，对当地影响最深远的当数凤河。

凤河是大兴境内主要河流之一。清朝《顺天府志》称凤河源出南苑，团河行宫内的湖、泉是凤河的主水源。因其形如凤而得名。其实关于凤河名字的由来，民间

新凤河流域

还流传着一段美丽传说。传说大辽南下灭宋，将都城迁到了幽州，当时的幽州正是今天的北京。大辽皇帝本来世居塞外，喜欢骑马射箭。到了幽州城三天没摸弓箭，

大兴水系

心里怪痒痒的。他的心思被后晋的一个降臣看出，便告诉大辽皇帝，城南不远的海子里鸟兽很多，是个好围场。大辽皇帝听罢，当即率兵直奔南海子。他来到南海子，只见草滩上有成群的麋鹿黄羊，土丘后不时传来虎豹的吼叫，树林里、湖面上百鸟飞鸣。大辽皇帝非常高兴，传令："宁尝飞禽一口，不食走兽半斤。今天只射飞的。"此令一下，所有飞禽都遭了殃。鸟王凤凰不忍心看着鸟类遭殃，便勇敢展开双翼，直冲云天，一面盘旋，一面指引鸟类飞入森林。这下，惹怒了大辽皇帝，他下令让所有士兵一起围攻凤凰，凤凰受了伤，但却一直在坚持，它不停地飞啊、飞啊！为的是将大辽皇帝及士兵引得更远。终于，凤凰飞不动了，坠落下来。临死前，凤凰面对天空，向玉帝默默祷告，希望死后化成一条河水，滋养这片它深爱的土地。它的行为感动了上天，从那以后，在凤凰坠落的地方出现了一条形如凤凰的河流，人们管它叫凤河。凤凰洒落的血迹也化成了一条小河，从南海子一直通到凤河，南海子成了凤河的源头。因为有了凤河，南海子东南的黄沙岗子慢慢长出了芳草树木，还引来了无数的飞禽走兽。凤河流域在明清两代属东安县，据说凤河"虽隆冬沍寒，水亦不冰"。"凤河春波"还是昔日东安县的八景之一。

凤河流经大兴区垡上、青云店、长子营、采育、皮大营等乡镇，在采育镇凤河营以东入河北省安次县，后汇入北运河，主要有岔河、旱河、官沟、通大边沟4条支流汇入。历史上的凤河每至夏季，常有多处漫溢决口。1961年开挖新凤河，将上游河水自南大红门引入凉水河，从此凤河源头始于南红门。

新凤河又称碱河，是1955—1961年开挖的人工河。源头在黄村镇立垡村东北的洪闸，向东流经南大红门到通州马驹桥闸前汇入凉水河，全长30.01公里，大兴境内长28.38公里，流域面积135.1平方公里，控制耕地面积13.1万亩。

永定河水系

永定河，古称灅水，隋代称桑干河，金代称卢沟，旧名无定河，海河流域七大水系之一。永定河水系属于海河水系西北支，除永定河外还包括龙河、永兴河（天堂河）等河流。永定河发源于山西省、内蒙古自治区，主要源流一是山西宁武县神头泉的桑干河，一是内蒙古兴和县的洋河，两河流至河北境内的怀来县朱官屯汇合后称永定河。其后南流至官厅，纳北京市延庆县的妫水河，经官厅山峡至三家店出山，过北京市、河北省部分区县进永定新河入渤海，全河跨越山西、内蒙古、河北、北京、天津，主要支流有壶流河、洋河、妫水、清水河等。

永定河自丰台区北天堂村南入大兴，于榆垡镇崔指挥营村东出境入河北省。1980年后，大兴段永定河下游暂为干河。大兴全境都为永定河洪积冲积平原，因此历史上的大兴文明与永定河密不可分，永定河又被称为大兴母亲河。

第二节　大兴治水

❧ 护佑一方的永定河 ❧

　　大兴全境为永定河洪积冲积平原，低洼地多，加上历史上的永定河洪水危害严重，水患频仍。大兴人民历代除受洪灾之害，也有沥涝之苦。大兴治水便和这里的历史文化紧密地结合在了一起。大兴源远流长的治水实践，取得了辉煌的成就，充分体现了这片土地上历代生活的人们坚持"人与自然和谐共处"的理念。传统治水技术、传统的治水文化，是历史留给我们的一座宝库，蕴含着许多深刻的哲理与智慧。

永定河流域

　　永定河孕育了浓郁深厚的文化底蕴和丰富独特的人文资源，形成了九大文化特色。其主要内容有：以灵山、百花山、妙峰山等为代表的富含人文历史的流域名山文化；以潭柘寺、戒台寺为代表的以北方佛教宗派中心寺院著称的流域宗教文化；以上游的许家窑人遗址、涿鹿、幽州，中游的东胡林人遗址、沿河城、举人村、爨底下、三家店、琉璃渠等为代表的可以贯穿中华文明发展史的流域古人类、古都、古城、古村落文化；以永定河的起源、变迁、治理、开发为内容的流域水文化；以京西商旅古道、进香古道、军事古道等为见证的流域古道交通文化。永定河古代传说历史悠久，在当地流传广泛。它的基本特征是传说与史实相联系，传说中映现历史的影子。河挡挡河的传说，有刘靖治河的史实；唐僧取经的传说，以石景山上的晾经台和石景山曾称湿经山、石经山为依据；王老汉栽种河堤柳的传说，与历代治理永定河时栽种堤柳有关；冯将军严惩老兵痞的传说更是以史实为依据……永定河传说生动形象，内容丰富，具有浓厚的地方色彩，是永定河两岸人民群众智慧的结晶。它记述了不同历史时期人们治理永定河的发展史，为研究北京生产发展史提供了翔实资料。同时传说中反映的永定河周边人民为制服水患，与大自然不懈抗争的斗志和精神，具有一定的现实意义和教育价值。

永定河上游处在太行山、阴山、燕山余脉、内蒙古黄土高原，海拔 1500 米以上，植被、地形、气候条件差，有 8 个产沙区，土壤侵蚀严重是永定河水泥沙含量极大的主要来源。历史上改道多次，极易发生漫溢决口。1985 年永定河被国务院列入全国四大防汛重点江河之一。从三家店以下至天津的入海口，河道全长大约 200 公里，在水利系统将其分为三家店至卢沟桥、卢沟桥至梁各庄、永定河泛区和永定新河 4 段。

永定河流域夏季多暴雨、洪水，冬春旱也严重。上游黄土高原森林覆盖率低，水土流失严重，河水混浊，泥沙淤积，日久形成地上河。河床经常变动。善淤、善决、善徙的特征与黄河相似，故有"小黄河"和"浑河"之称。因迁徙无常，又称无定河。清康熙三十七年（1698）大规模整修平原地区河道后，改名为永定河。1954 年建成蓄水 22 亿多立方米的官厅水库，才基本控制了上游洪水。因此，说起永定河，总会让生长在这里的百姓产生又爱又恨的复杂情绪。

2006 年年初，在区化工厂至魏善庄村 3 公里的河道内修建橡胶坝、溢流坝，通过雨洪截流，建污水处理厂，做河道防渗等工程建设，改善河道水环境质量，累计投资 2983 万元。

永定河治理

小龙河本无固定的发源地。在芦城地区、京津铁路以西沥水汇集依势而流，于黄村火车站以下渐有小溪潺流取名为小龙河。1993 年对小龙河进行综合治理，对河道进行清淤疏挖，河坡水泥板护砌长 523 米，工程总投资 49 万元。

在大兴 1036.4 平方公里的土地上，这些大大小小的河流串在一起，组成了大兴最为重要的水利枢纽，曾经养活了世代以务农为主的大兴人。改革开放后，随着粗放型经济快速发展和北京地区气候旱化加剧，位于北京南郊的大兴成了严重缺水的地区。水，已经成为制约大兴经济发展、社会进步、百姓安居乐业的关键问题。

面对缺水带来的问题，大兴把治水融入区域发展大格局，按照以人为本、人水和谐的治水理念，有计划、有进度、有体系地将水资源开发利用列为政府长效工作重点，大大缓解了大兴缺水的现状并为以后的水资源可持续开发利用铺平了道路。"十一五"期间，全区城乡安全供水体系基本建成，完成了多项重大城乡水环境工程，包括：东南郊水网、大兴新城滨河森林公园、南海子公园水系统、新凤河治理、凉水河治理、凉凤灌渠改造工程等。

此外，大兴在治水过程中，新建水利工程和整治病险大堤同步推进。大兴区按照建设优质的产业发展硬资源和软环境，着力打造"低碳绿色家园"，建设"一轴、两带、三环、多园、多廊"绿地建设空间布局，完善防洪减灾与水环境保护体系建设，构筑"永定河绿色生态游憩带与产业园生态服务带"和南部"生态绿轴"的环城多园绿色环境体系，"以水养绿，以绿补水"，逐步打造城乡一体化宜居宜业和谐水环境。

从芦苇飘荡到森林涵养

永定河的治理一直是大兴治水中的重头戏。1975年市水利局成立永定河管理处，大兴县水利局在定福庄乡赵村南设永定河管理所。1987年在大兴县防汛抗旱指挥部下设永定河防汛分指挥部，沿河各乡、镇相应成立领导机构，这种管理体制一直沿袭至今。按照行政首长负责制的原则，形成永定河较为完善的防汛抢险指挥体系，并制订各种防汛预案。1991年，大兴加大对永定河治理，将左堤大兴段历史遗留下来的8大险工，全部翻修改造，改成水泥联锁板护砌，使河道行洪能力增强，防洪标准提高。2005年7月，大兴水务局永定河管理所由过去的自收自支改为区财政全额拨款的事业单位，其主要职责是永定河大兴段涉河事务的专业管理。至2010年永定河管理所已形成有线、无线和微波相交替使用的防汛通讯网络，建有雨情、水情、灾情自动遥测系统和气象卫星云图接收系统。

历史上的永定河每每在润泽一方的同时，也会带来洪患等灾害。为控制、防御洪水以减免洪灾损失，大兴修建了一系列防洪工程。永定河大兴段的防洪工程加固建设体系，从1998年开始至今已初具规模，永定河的防洪标准基本达到百年一遇。左堤按水面线超高2.5米修筑。永定河左堤大兴段有42.7公里堤防相继加宽到25米，占主堤防长度的78%。主堤内23公里险工已全部按深做护砌标准进行了治理，22.3公里平工部位内侧坡进行了护砌，护砌深度为2500立方米/秒线以下3.0米，部分质量较差的浆砌石护坡得以翻修、58座丁顺坝、10处汛铺房、92处上下堤道口逐年完善，这些水利工程建设使永定河的百里长堤防洪能力进一步提高。

在大兴跨越发展的今天，永定河常年干涸，治理也不同往日，大兴水务部门通过科学管理、规划布局，在大兴又勾勒出了一条生态河道，润泽了如今一体高端国际化的新区。永定河大兴段界内，原有林地面积约 7000 亩，2002 年以北京市"五河十路"绿化工程为契机，进行创意为"长堤叠翠"的永定河绿色通道建设。

随着大兴区社会经济建设的不断发展，新机场项目的推进，绿色长廊影响力的扩大，区政府及大兴民众对永定河水环境的要求也越来越高，环境治理工作在近年也成为永定河河道管理的重点工作。

🐟 其他河流的治理 🐟

大兴境内各河流扇状分布，依地势延伸，加上各支流，形成了覆盖大兴全境的河道网络。春旱则河道干涸，雨量稍大则泛滥漫决，自古大兴涝渍灾害严重，新中国成立初期全境易涝面积占总耕地面积的 80%。因此，这些河流的治理也是大兴治水的不可或缺的一部分。

治理后的新凤河

凤河在 1962 年以前上游未进行疏挖，其堤身残破，河道变形，断面狭窄，淤积严重，不能满足泄洪要求。1994 年 7 月 12 日受暴雨侵袭，凤河排洪不畅，致使沿河近 10 万亩粮田、5000 亩蔬菜受淹、1000 多亩鱼塘漫溢，造成直接经济损失 4200 多万元。1995 年大兴政府对凤河上游进行治理，按二十年一遇标准疏河筑堤，新建改建配套建筑物，使凤河水环境得到了提升。

新凤河是大兴区北部及黄村卫星城的主要排水、纳污河道，并承担着丰台西南部及亦庄北京经济技术开发区部分地区防洪排水和灌溉功能。1991 年 10 月大兴组织 3000 多人，出动机械 500 余台，历时 30 天，对新凤河进行治理。1994 年 2 月 1 日由台商与大兴政府合作，在新凤河上段兴建一条"台湾街"，将此段新凤河由明河改为暗方涵工程。整体工程为铁道部建筑研究设计院设计。2005 年 12 月启动新凤河水环境综合治理工程，工程主要利用世界银行贷款对新凤河黄村段，即从京九铁路到孙村闸 12.61 公里的河道进行整治，工程项目包括：对新凤河进行清淤拓宽、河坡绿化、生态护砌、滨河路修建、旧闸拆除改建、交通路桥重建及建设闸涵启闭自动控制系统、污水截流、景观建设等工程，工程总投资 2.5 亿元，主体工程于 2008 年 1 月完成。整治后的新凤河，河道上种植的睡莲盛开时，从桥上眺望，河道两旁绿植茂密，十分养眼。现在，在河道中和两坡种植荷花 6 万株、睡莲 5 万株、千屈菜 3 万株、鸢尾 5 万株、香蒲 1 万株，各种植被四季点缀河道。在安定镇古桑园门前的河道水质清澈，荷花盛开，鱼儿嬉戏其间，引来了不少观赏者。

岔河属于凤河支流，位于大兴中部，全长约 18 公里，跨越青云店、安定、长子营、采育四个镇。近几年，按照"先急后缓、由内向外、分类整治、整体推进"的原则，大兴区水务部门组织人员在河道中分段种植各类水生植物，大力推行河道绿色立体生态系统建设。以前河里没有水，河坡上尽是垃圾。如今的岔河河流清澈、碧波荡漾，已然成为一道亮丽的风景。为了促进生态系统的修复和重建，大兴区水务局利用和保护现有生态系统良好的河段，修复和补植生态系统欠缺或缺失的河段，使河堤、河岸形成丰富多样的绿化带，并通过水生植物保持水土，净化水质，营造水景。通过河道环境整治工程，岔河不仅生态效益得到大幅提升，水质也得到了明显改善。为了将中水与居民的生活用水和污水分开来，在河道整治之初就在河道沿线铺设了截污管道，让生活用水和污水通过管道流入污水处理厂。

凉水河是北京市市级管理的主要排水河，排泄北京西部、南部和石景山、丰台北区、东部和朝阳区西部的工业废水与生活污水，排污总量（不包括引进水）7立方米每秒。凉水河的排污量占北京市排污量的40%以上，是大兴东、北部地区主要水质污染源。近些年，大兴区经济生态全方位对接通州区副中心建设，因此两区携手对凉水河等重点流域进行治理，在河流沿线重点进行截污、治污，从源头消灭污水直排。大兴区将日常的巡查清理明确责任主体和作业标准，全面落实区内河流各段的管理责任。经过治理的凉水河，水质得到了明显改善。

天堂河，更名为永兴河，属永定河水系，发源于永定河畔东侧的北天堂村南及立垡村东一带，是一条跨省市的排水河道。原天堂河道土地为沙质土壤，河床浅而宽窄不一，有多处坑塘，加之解放前年久失修堤防破碎不全，导致行洪不畅，泛滥频繁殃及百姓。新中国成立以后，原天堂河被进行过多次治理。50年代，大兴开始对当时的天堂河进行上、中、下游的全线开挖疏浚，使天堂河初具河形，解决排水问题，并对下游西梁各庄至县界段进行了大规模的清障工程，开发水源，拦蓄地表水发展灌溉事业，解决河床漫溢等问题。60年代，大兴在东宋各庄开挖新天堂河后，当时的大兴县委、县政府将京开公路辛立村至东宋各庄天堂河段进行了裁弯取直治理工程，全长9公里。到70年代，原天堂河重点进行了全线清淤开卡等多次治理，上起埝坛水库南闸，下至河北省安次县天堂河入河口，治理后的天堂河排涝标准达二十年一遇的排涝标准，使整个流域内的农田排涝灌溉得到了保障。1977年开始，大兴曾遇连续三年的高降水量，天堂河下游在汛期时遭遇顶托，沿岸农田受淹，庞各庄镇幸福桥被冲毁。鉴于此，大兴于1979—1982年对其下游进行再次清淤和开卡工程，以解决涝地增强其抗洪能力。目前，该河道已是一条堤岸整齐的排水河道，结合防洪除涝，沿河修建了5座河道节制闸蓄水灌溉，排水站4座，并挖沟排盐碱。流域旱涝碱问题基本上得到解决，在一般年份也能保证京开公路的交通安全。

　　河道环境整治是一项惠民工程，关系到城市水环境长治久安，与群众生活息息相关。大兴区水务局将河道整治列入民办实事工程之一，投入大量财力物力，加强实施力度。相关职能部门围绕目标，措施得力，出实招，求实效，多措并举，着力解决河道水质污染、改善水环境，为整治河道做出不懈努力，取得明显成效。如今，城市河道水清清，河坡绿化树成荫，周边环境优美，往日布满垃圾、杂物的景象看不见了，为新区居民营造了舒适惬意的宜居环境。按照"以水定区""依水兴区"的理念，以防洪减灾与改善生态环境建设为目的，大兴区综合治理新城区域及周边河系水环境，重点建设南海子公园和新城滨河森林公园等，提升新城区域生态环境质量。

第三节　洁水润泽

✿ 污与监管 ✿

在整个水环境治理过程中，大兴时刻以生态发展为依据，坚持"有水则清，无水则绿"的原则。此外，为充分利用有限的水资源，针对本区域水资源匮乏、水污染较重的现实，大力倡导节水型社会建设，通过深入推进涉水一体化机制，努力提高水资源利用率，取得了良好的实践效果。

在污水治理中，从加大监管、整治河道、建立污水处理厂三个方面下手。大兴区水务局与经信、环保、动监、安监、市政部门建立联动机制，加强对于污染企业、排污行为等的监管监控，严把工业企业准入审批关，对污染企业进行限批；加大对排污企业的监督检查力度，推进企业废水处理设施升级改造，加强运行监管，严厉查处违法排污企业。

随着污水处理设施的加快建设，污水处理量及污水处理率还将继续攀升，使水环境污染趋势得到控制，工业污染得到有效防治，城镇环境质量得以提高，实现生态保护与经济发展相协调的战略目标。同时提高出水水质及污水回用率，回灌河湖景观，缓解水资源不足，实现水资源综合利用，进而更好地实现大兴区生态环境与经济的协调发展。

治理好了，更要加强监管。大兴水环境监测中心于2002年成立，是大兴水安全红线的"第一卫士"，主要职能是监测大兴区内的地表水、地下水、雨水、再生水、生活饮用水和排污口的水质，负责区域内水环境分析评价和研究，承担建设项目水环境影响评价，负责水质水环境监测方面的技术咨询、培训等相关服务。

水务水检测中心

大兴的水环境监测设备齐全，实验室现有检测设备 60 余台（套），总资产 600 余万元。先后配备了电子天平、原子吸收分光光度计，气相色谱仪、红外测油仪、流动分析仪和应急监测车等设备。为了确保突然断电不会对仪器造成影响，还更换了 UPS 不间断电源，从断电延迟 15 分钟扩大到 2 小时。设备的升级和改进能更好地完成监测任务。有了先进的设备，配套的设施建设能够充分满足仪器的工作、安全等要求，在全北京的水环境监测中名列前茅。先进的仪器配上专业的实验室，构成了现在的水环境监测中心，既能安全、稳定地运行各种检测仪器又能达到水利部的规范标准。

大兴水环境监测中心是保障全区水安全的核心部门。近年来，伴随大兴水务局对全区水环境的改善，大兴境内建设运行集中供水厂 31 座，供水村庄 264 个，供水水质合格率为 100%，黄村供水管网检测结果 100% 符合饮用水标准。

变废为宝，水资源循环利用

当清晨的第一缕阳光唤醒京南大地的时候，当你徜徉在南海子公园，开始一天生活的时候，你也许很难想象，南海子公园建设之初，这里却是污水横流、臭气熏天的垃圾场。2010 年大兴投资约 22 亿元，重点对南海子公园、大兴新城滨河森林公园、东南郊水网等市区重点工程进行改造。南海子公园以及东南郊水网工程的建成，沟通了大兴水系，为新区再生水利用，雨洪调蓄奠定了基础，改善了周边的生态环境，在营造新区生态水环境的同时提升了区域投资价值，带动了周边经济发展。生活在这里的居民在健身、休闲、娱乐的同时，亲眼见证了"大兴速度"，以前污水横流，现在天蓝水清，以前的垃圾堆，现在成了漂亮的公园。

为缓解水资源供需矛盾，应对愈演愈烈的城市"水荒"，大兴积极开展再生水、雨水等非常规水源的开发利用，替换新鲜水源，提高环境用水保证率。大兴因地制宜，综合采取渗、蓄、用、泄等多种雨洪利用模式，把防洪、雨水资源化、区域水环境和区域生态建设寓于一体，积极鼓励在市政污水管网尚未覆盖的地区和重点城镇集中的工业开发区或科技园区建设小型污水处理设施，实现达标排放或就地回用。

2003 年，大兴区始建集雨工程，主要利用公路两侧排沟、河道和废旧坑塘集雨再利用。2003 年 1 月定福庄乡黑堡苗圃利用京开公路降雨时瞬间形成的径流，在公路西侧修建 1 座容积为 600 立方米雨洪蓄水池，投资 20 万元。次年秋季 1 次降雨 34 毫米，集雨 300 立方米，可浇灌几十亩苗木。此后，大兴在全区 14 镇 547 个行政村内推广这一做法，年底调查清理近 1000 个坑塘和鱼池，并将这些废旧坑塘登记、造册，作为雨洪利用设施。至 2010 年全区共建坑塘雨洪利用工程 59 处，单位雨洪利用工程 35 处，汛期采取河道闭闸度汛和利用废旧坑塘集雨的措施，有效拦蓄雨洪 1568 万立方米，补亏大兴地下水资源超采量的 52%。

2000 年，大兴开发再生水资源，再生水资源有 3 条来源渠道：利用小红门污水处理厂的再生水，通过凉凤灌渠引入旧宫、瀛海和青云店镇，再经红凤灌渠引入长子营、采育镇，每年可引入 7847.17 万立方米，灌溉 5 镇 70 多村 20 万亩农田；将黄村污水处理厂日产 80000 立方米再生水，通过北野厂灌渠灌溉大兴中、东部农田；将庞各庄、采育等 4 处镇级污水处理厂，年产 1500 万立方米再生水，集中用于镇、村生态景观用水，计年可增加 1.2 亿立方米再生水资源。水资源的循环利用为大兴治理水资源匮乏提供了新的思路。

2006 年 11 月 18 日，南红门灌区农业利用再生水工程正式通水。随着排水闸门的开启，经过处理的再生水以每小时 1000 立方米的流量涌入凉水河灌渠。沿岸 20 万亩农田"喝"上了各项指标均达到国家灌溉标准的再生水。据了解，南红门灌区农业利用再生水工程被列入区政府为民办实事的重点水务工程和折子工程。工程通过新建引水管线 862 米、泵站 55 座，改造凉凤灌渠、北野场灌渠等水系 37.3 公里，新建闸、桥、橡胶坝、倒虹吸、渡槽、泵站、跌水等水工建筑物 72 座，年引用小红门污水处理厂再生水 1 亿立方米，可灌溉黄村、旧宫、瀛海、青

大兴污水处理厂

云店、魏善庄、长子营、采育、安定八镇农田20万亩，年减少地下水开采6000万立方米，很好地缓解了东南八镇水资源短缺状况。南红门灌区农业利用再生水工程的建设对改善区域环境，实施再生水替代战略，涵养地下水源具有重要意义。

农业利用再生水工程对提升一个地区的经济效益、社会效益有显著作用。大兴区充分利用再生水资源，统筹城乡发展、绿化、美化环境，实现水资源的可持续发展，创造了人与自然和谐发展的水环境。

大兴还积极推进黄村再生水厂工程建设。该工程对原有黄村污水处理厂进行改造、扩建，采用膜工艺升级改造处理系统后，再生水生产能力可达12万立方米/日，出水主要值达到地表水四类水体水质标准，并全部用于景观河道。从而大大减轻了对北运河水体的污染情况，使新区水环境得到极大改善，同时也对美化市容环境、净化市区空气、消除对地下水的污染起到关键性作用。在创造人与自然和谐共生的人居环境同时，也必将为经济和社会可持续发展创造条件。

"舟行碧波上，人在画中游"，步入大兴新城滨河森林公园，凉风习习、美景如画。整个滨河森林公园绿化面积达4000余亩，种植各类乔木、花灌木104种、80余万株，将湿地、湖面、森林的各种景观元素融入公园中，设计大小不同的岛屿及半岛，形成复合多变的空间，营造出具有缓坡、丘陵、草地、湖泊、岛屿、密林等富有野趣的自然休闲空间，同时在林地内布置老年活动场所、儿童活动场所、沙滩排球、森林剧场、音乐喷泉广场等大量具有自然特色的娱乐场地和设施，并在湖周围布置适量亲水平台、木栈道、滨水活动场地、钓鱼平台等活动场地。

大兴新城滨河森林公园是 2010 年市、区两级政府重点工程，是建设"京南绿色新城"所实施的环境精品工程之一。公园位于大兴新城西区预留片区、核心区之间，生物医药基地北侧，北起清源西路、南至黄良路、西为规划芦东路，东边紧邻小龙河。总面积 8074 亩，工程由堠坛公园、清源公园及小龙河绿地三大部分组成。南北两园地势起伏，水面开阔，可以与城市道路零距离对接，结合东面小龙河建设，最终形成了"一河三片、万亩绿肺""绿心镶嵌、绿脉贯穿"的绿地规划格局。大兴新城滨河森林公园，全部采用再生水，通过引入黄村再生水厂、天堂河第二污水处理厂的再生水，使过去干涸的河道、水库再现昔日水景。据初步测算，整个公园年吸收二氧化硫 66.9 吨，二氧化氮 84.2 吨，二氧化碳 3563 吨，颗粒物 2472 吨，可释放氧气 31998 吨。而一亩生长良好的绿地每年释放氧气 9.6 吨，按工业氧气每吨 400 元计算，增氧效益总计就是 1280 万元。

❧ 共建节水型社会 ❧

2010 年前，大兴区水资源人均占有量不足 230 立方米，远远低于国际确认的人均 1000 立方米的下限。随着经济社会的发展，水资源供需矛盾日益凸显，成为新区实现"一体化高端化国际化"发展的"瓶颈"和"软肋"。

爱水、惜水、节水已成为新区的一枚崭新标签。2010 年，大兴区被列入第三批全国节水型社会建设试点地区后，大兴区委、区政府把节水型社会建设工作作为可持续性发展战略中的一个重要环节。针对本地水资源匮乏、水污染较重的现状，大力开展节水型社会建设，把治水融入区域发展大格局，把节约用水、高效用水摆在更加突出的位置，将提高水资源承载能力、利用效率和效益作为节水型社会建设的出发点，在转变用水观念、创新发展模式、完善水资源供给保障体系上做功课，实现人水和谐与水资源可持续利用。现在的大兴，爱护水、珍惜水、节约水蔚然成风，一个"巧用天上水、精用地下水、活用再生水"的节水型社会正在形成。

没有规矩，不成方圆。制度建设是一项工作能否高质量完成的保障。为切实加强节水型社会建设主要任务的落实，大兴成立了由区长任组长的"大兴区节水型社会建设领导小组"，编制完成《北京市大兴区节水型社会建设规划实施方案》，将主要任务层层分解，明确责任部门，提出具体可行的实施方式和进度安排。《污泥处理处置和循环利用政策》《超定额超计划用水累进加价费征收使用管理办法》《村镇供水管理指导意见》等一批与法规配套的行政规章、制度标准、规范规程的相继出台，有效促进了新区水务工作的规范化、合理化。

通过补充完善相关行政规章，引导、促进全区各部门、单位、个人的正确用水行为，实现水资源的合理开发和利用，保护水生态环境。为依法做好水费与污水处理费征收工作，确保应收尽收，在广泛调研、充分论证的基础上，大兴还制定出台了《大兴区水资源费与污水处理费征收使用管理办法》，初步编制完成大兴区非常规水资源利用及管理政策，其中包括《大兴区再生水利用管理办法》《大兴区雨水利用管理办法》《大兴区建设项目节水设施管理办法》。

大兴区水务部门走进学校，在学校内广泛开展"惜水、爱水、节水，从我做起"征文活动。通过深入开展水务宣传工作，提高了学生及家长的节水意识、法制意识和水环境保护意识。每逢"世界水日""中国水周""城市节水宣传周""节能宣传周""科技宣传周"期间，大兴全区范围内普遍开展大型节水主题宣传活动，走进商场、社区，通过摆放节水知识展板，分发水知识彩页和现场接受居民咨询等多种形式，宣传"世界水日"活动内容及节水常识，倡导居民养成"珍惜水、合理用水"的良好社会风尚。一个小小的节水龙头、生活用水的循环利用……通过一块块展板和实物模

节水灌溉

型，区节水办工作人员现场给市民展示节水龙头的应用常识，普及市民的节水意识。

目前，大兴区基本形成区水务局、镇水务站、农民用水协会三级水务管理格局。同时，通过软硬件条件建设，逐步提高水资源管理信息化水平。大兴重点支持 14 项关键技术的

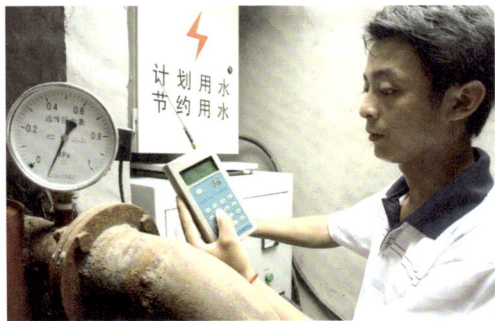
遥控开启大棚滴灌

研究和推广，包括蒸汽分布管产品开发、太阳能采暖热水系统与无比钢节能建筑一体化示范、利用蒸汽节能器推进节能降耗技术研究、住宅家庭自动节水技术产品开发等。通过以上项目的实施，加快企业节水技术研发，促进了中水合理利用、工业废水收集处理等一批节水技术的推广和应用，大大提高了水资源的利用效率。

庞各庄镇南李渠村总面积 1300 亩，耕地 1000 亩，现有日光温室 60 个，大棚696 个，设施农业占 80%。全村共有住户 132 户，人口 510 人。全村从转变传统用水观念着手，在群众参与、用水计量、定额管理、雨水利用上下功夫，积极探索设施农业高效节水管理方式。成立农民用水协会，确定了 4 名管水员，机井装表率为 100%，温室大棚装表率为 100%，计量收费做到 100%，灌溉水利用系数由原来的 0.65 提高到 0.95，实现生活、生产全方位节水。生活用水量年减少 1000 立方米，农业灌溉年减少用水 5 万立方米，人均收入预计增加 120 元。同时，利用 60个温室膜面集雨，经过净化蓄水后，用于绿化带节水灌溉。在浇灌树木的同时，回补地下水。设计年集雨量约 1 万立方米，今年以来，已收集利用雨水约 3000 立方米。该村的节水管理被市政府命名为北京市五种节水模式之一。

采育镇切花菊基地占地面积 400 余亩，种植的菊花主要用于出口。在近年大兴节水工程建设的基础上，为实现灌溉用水的集约化，提高灌溉计量的科技含量，在基地内配套建设了农业精准灌溉系统，实现了种植区的自动化管理。目前该基地所有日光温室和大棚已经通过"大兴区 2006 年农业节水灌溉工程"项目，解决了节约化用水问题。根据菊花生长特性，分别铺设了滴灌和微喷两套灌溉系统，

满足作物灌溉需要。基地建设了大棚膜面、路面雨水收集系统，修建了容积2000立方米的棚内集雨池、沉淀池，经处理过滤后接入滴灌系统，循环利用了水资源。同时，基地还建立温室大棚环境监测系统，实现对大棚空气温度、空气湿度、土壤湿度全面监测，数据实时采集，及时掌握作物的生长环境信息；自动灌水控制系统，根据温室土壤水分情况，结合植物生长需要，启动自动微灌溉系统，自动控制灌溉量和灌溉时间，做到按需灌溉；温室数字网络系统，建立集散型智能网络，完成上位机对温室大棚远程监测。

水清地绿则人和业兴。当大兴新区把节水型社会建设工作作为建设"宜居宜业和谐新大兴"的重要环节时，永定河畔回响起的是一曲人水和谐、跨越发展的激昂旋律。

柒

第七章
京南"绿肺"

　　大兴的绿来之不易。这里，曾经"风来滚沙丘，雨来水横流，四季都有灾，十年九不收"；这里，曾经污水充溢河道，废气垃圾将人们包围。是勤劳的大兴人民，经过数十年的不懈探索和实践，植树治沙、治污减排，将生态治理与区域全面发展相结合，将历史文化遗存与城市绿化美化相结合，不仅走出了一条生态治理之路，也走出了一条农民致富之路，更走出了一条传统文化与区域生态建设的现代生态文明建设之路。

　　大兴的绿，不仅入眼，而且入心。

第一节　绿色海洋

❧ 防风治沙造"林海" ❧

　　大兴区素有"京南门户"之称。海河流域五大骨干河道之一的永定河，沿西部流经 4 个镇，境内全长 62 公里。受永定河长期摆动和决口的影响，形成大范围沙质土壤，占全区土地总面积的 60％，是北京五大风沙危害区之一。贫瘠的沙土地寸草不生，成为大兴经济发展的羁绊。长期以来，农民在沙丘间的"牛槽地"里耕作，风、碱、旱、涝、雹交叉为患。"风来滚沙丘，雨来水横流，四季都有灾，十年九不收"是历史上大兴生态环境和经济状况的真实写照。

　　新中国成立后，区委、区政府带领全区人民按照田、渠、林、路统一规划的原则，治沙治水，改造自然，沙荒地得到了初步治理，林业事业有了一定的发展。1978 年，改革开放的春风，奏响了大干社会主义事业的号角，也拉开了大干林业事业的序幕。从此大兴人民在区委、区政府的领导下，走上了"种下希望树、收获幸福果、踏上致富路、绽放文明花"的快速发展之路。

　　经过 30 年的不懈探索和实践，大兴区的林业事业基于永定河风沙危害区的历史现实，取得了有目共睹的

大兴林海

成绩。随着一批新兴生态文化展示平台的陆续建成，特色鲜明、文化氛围浓厚、田园气息浓郁的大兴特色生态文化日益走向繁荣。

肆虐的风沙，曾使老一辈大兴人饱经沧桑。新中国成立后，历届区（县）委、区（县）政府非常重视防沙治沙工作，带领全区人民坚持治沙治水、植树造林。20世纪70年代，县委、县政府提出了以农田基本建设为重点的五年发展规划，确定了林、田、路、水统一规划，旱、涝、沙、碱综合治理的原则，加快了治沙造林步伐。到70年代末，大兴林木覆盖率为13.5%，人均有树30株，人均有木材1.46立方米。

党的十一届三中全会后，大兴明确了"发挥大兴优势，开发绿色资源，改善生态环境，建设北京副食品基地，推动内引外联，振兴大兴经济"的发展思路，林业生产开始步入工程化、体系化建设的新阶段。全区治沙工作按照"农田林网以提高防护效益为主，骨干路、河绿美兼顾，防风固沙和增加收入并重"的要求，针对各类沙地的不同特点，进行了科学规划，开展了大规模的造林治沙，林、田、路、渠布局基本形成。

90年代以后，大兴被列为全国首批治沙重点县。为加快沙区生态建设步伐，围绕全区"科教兴区、城镇带动、产业互促、协调发展"的经济社会发展战略，大兴林业局提出了"统一规划、重点突破、科技引路、富民为本"的全区林业总体发展思路，为使沙区经济可持续发展，确定了"以林为主，综合开发，综合利用，以短养长，当年开发，当年见效"的治沙方针。大兴的荒漠化治理工作进入了一个崭新的阶段，全区的工程、生物治沙技术及沙地综合开发利用技术达到了国内领先水平，为大兴经济可持续发展奠定了良好的生态基础。1997年林业部部长祝光耀、造林司长承正女等领导做出"林业部今后在治沙重点县中确定东抓赤峰、西抓榆林、近抓大兴，把大兴作为全国治沙的一个窗口"的指示。1999年大兴区被国家绿化委员会、国家林业局评为"全国绿化造林百佳县"，2000年被国家林业局评为"全国林业生态建设先进县"。

从此，全区治沙造林开始由初级阶段——单纯治沙，向高级阶段——用沙阶段过渡，沙产业的理念开始形成。永定河流域庞各庄镇沙产业开发示范区建设，是

公路绿化带

大兴区用沙阶段正式启动的标志。作为首都南大门，大兴区通过治沙造林，已使荒芜多年的土地变成了绿海甜园，过去的风沙危害区变成了拱卫首都北京的绿色屏障。它不仅为大兴增添了新的生机，也为生活和工作在这里的人们营造了良好的生态环境。

如今，踏上大兴的土地，映入人们眼帘的一条条绿色通道，气势雄伟，景色迷人，如诗如画。

永定河畔播新绿

"风来滚沙丘，雨来水横流"，这句民谣是大兴永定河历史上恶劣生态环境的真实写照。永定河在大兴境内全长 56 公里，受历史上泛滥决口影响，沿线 60% 以上都是沙化土地。20 世纪 70 年代，永定河断流，这里成了北京有名的风沙危害区。近年来，通过治沙造林，特别是平原造林等契机，大兴区本着"有水则清、无水则绿"的思路，坚持重在生态、兼顾景观，在永定河河堤两侧 2 公里范围内，大面积造林，打造"生态长廊、景观长廊、致富长廊"。经过近 3 年的努力，大兴完成永定河沙荒地造林 3.9 万亩，森林覆盖率达到 60% 以上，"生态长廊、景观长廊、致富长廊"三廊架构初具雏形，新增的绿色长廊还串联起了沿线的景点和采摘园，形成了一条采摘旅游带。

永定河大兴段界内，原有林地面积约 7000 亩，2002 年以北京市"五河十路"绿化工程为契机，进行创意为"长堤叠翠"的永定河绿色通道建设，绿色通道绿化工程在保证行洪安全的基础上，突出防护作用，体现在防洪固堤、防风固沙、防沙治沙三方面，以乡土树种、亚乔木、灌木的自然式混交与毛白杨、刺槐行间混交共同组成永久性绿化带，形成自然植物群落系统。2012 年开始进行的北京市平原造林工程，在永定河沿线建设"大兴区永定河绿色通道工程"，形成大面积绿化带，进一步改善永定河沿线生态环境，形成绿不断线、景不断链，科学配植、集中连片，异龄复层混交，结构合理的近自然森林绿色长廊景观。如今的永定河绿化带已成为大兴区一项宝贵的旅游资源，2013 年、2014 年连续两年大兴区旅游局组织北京市民进行永定河徒步、骑行观光游活动，进一步提升了永定河绿色走廊的知名度和社会影响。2014 年 8 月北京十大"最美乡村路"评选活动中，永定河的左堤路榜上有名，荣耀当选，更是全社会对永定河环境治理成果的肯定与赞誉。《大兴旅游创新发展提升规划》中提出，大兴将打造"一轴·两带·三城·四镇·多点"旅游发展新格局，其中"两带"之一就有永定河绿色生态游憩带。依托大兴区境内 60 公里永定河沿线的万亩森林，适度发展郊野休闲游憩、果园观光采摘、体育休闲运动、永定河文化展示，通过生态经济林、生态林和公园绿地的建设，形成 3~5 公里宽的生态、休闲、文化、服务带，为大兴新城和未来航空新城居民提供休闲游憩场所，绿色生态走廊效应显现。曾经风沙肆虐的永定河大堤如今成了一片绿洲。

绿洲盛开"文明花"

治沙造林建起一片片"绿洲"，绿洲繁茂盛开一朵朵生态文明之花。

绿美建设，使老牌的大兴区林场发生了新变化。全场有林地面积达 3500 余亩，覆盖压沙功效卓著。通过营造混交林、使用抗旱节水造林技术、改善土壤水肥条件、推广优新造林品种等措施，场区林木在林分质量、木材产量、树种结构、自然御灾能力等方面，都有明显的改善。2005 年，区林场充分利用现有资源开展多种经营，经济效益得到明显提升。建成的 300 亩北京市农业标准化生产示范基地果园，已通过了有机食品认证；充分利用林下土地资源，大力发展林下经济，先后种植食用菌、饲料桑、苜蓿、菊芋、酸模等品种，并且进行了畜禽养殖。2008 年，林场开拓思路，治沙工作向可持续发展方向迈进了一步，引进了林业生物质致密成型燃料加工厂，开展生物质能源材料循环利用试验。如今的大兴区林场，已经不单是主打生态效益的国有林场，而是兼顾生态、经济和社会效益的一片绿洲。

六合庄林场：位于北臧村镇与房山区交界的永定河左岸。始建于 1959 年，现已成为永定河沿线的生态型林场。自 1983 年实施全民义务植树运动以来，林场成为航天部一分院、航空部 303 所等单位的义务植树基地，主要任务是安排组织各单位在本场的义务植树活动，并负责技术指导等管理工作。市区政府先后投资数百万元，植树上百万株，林场规模日益扩大。1988 年春，为奖励义务植树成果，大兴县人民政府、绿化委员会在六合庄林场为航空航天部立"为国立功，于民兴利"碑。当时六合庄林场范围西起永定河主航道，东至永定河大堤坝下 30 米处，南到西大营村西大堤公路 22 公里处，北以铁路为界，占地 7320 亩。

2000 年以来，林场承担了全市城区绿色屏障建设任务，实施了隔离地区建设，陆续建成生态景观林、永定纪念林、劳模世纪林、奥运纪念林等绿地。依托永定河生态农业走廊，充分整合林场现有资源，目前开始筹划在六合庄林场建设

植树造林

郊野公园，为林场发展增强后劲，提升林场整体绿化水平，打造永定河畔生态、文化、休闲的郊野公园。

经过几十年的发展，林场有林地面积 7000 余亩，生态、社会效益越发显著，昔日风沙肆虐的永定河故道建成了环境优美的防风屏障，对维护周边地区生态环境、促进周边经济发展、提高生活质量做出了重要贡献。

万亩森林公园：1987 年，北京市提议在大兴建一个万亩森林公园，同年 9 月，开始了万亩沙荒地的勘测规划设计工作。万亩森林公园选址在大兴区榆垡镇，京开路东侧，占地面积 11508 亩。工程共分 4 个大区，分别为乔灌混交林区、针阔混交林区、红叶区、杨树品种区。工程总计造林 6807 亩，栽植杨、柳、槐、椿、桑、侧柏等乔木和紫穗槐、杞柳、沙棘等灌木 200 万株，建绿色围墙 2 万米，修路 7 万米，改造 4400 多亩原有林地，园内开设了防火隔离带。

半壁店森林公园：位于原半壁店乡，原有片林 1200 亩，为国家物资总局义务植树区。1985 年 11 月，被市政府列入"七五"重点建设的七大公园之一，当时定名为"龙河森林公园"。1986 年秋动工兴建，地域拓宽到 2000 亩。公园东部为杨、柳、槐、桑、松、柏等多种树木组成的混交林，西部为桃、杏、苹果、梨为主的百果林。到 1988 年基本建成一个有桥、有亭、有水的森林公园。依托半壁店森林公园的绿地资源，其内续建了绿荫别墅和星明湖度假村等休闲娱乐配套设施，可接待各类大型会议及休闲度假事项，带动了地方经济的繁荣。半壁店森林公园成为北京地区第一个沙地森林公园。

第二节　环境治理

❧ 煤的创新 ❧

煤炭带来的污染排放能有多严重？专业人士给出了一组数据：氮氧化物每年的排放量在 90 吨左右，二氧化硫 255 吨左右。这些都是形成 PM2.5 的"罪魁祸首"。而改"煤"换"气"之后，燃气锅炉将不再产生二氧化硫，氮氧化物的排放量也将缩减至每年 1 吨左右。"可以说排污量几近于零。"

2015 年，大兴区有 56 个村，总计 10000 户加入"煤改电"工程。与过去不同的是，所有加入"煤改电"工程的住户将开始享受与城区标准相同的补贴。

根据北京市下发的《关于完善北京农村地区"煤改电""煤改气"相关政策的意见》规定，农村地区"煤改电"补贴将与城区统一。

2013 年，大兴区开始在青云店镇东辛屯村进行农村取暖"煤改电"试点工程。2014 年，"煤改电"工程扩展至黄村、榆垡、庞各庄、长子营、安定、青云店和魏善庄 7 个镇，每镇分别有一村加入"煤改电"工程，共计 2079 户。如今，这 8 个村镇住户也将减轻负担，不再自掏腰包负担全部电费。同时，在新机场红线确定之后，"煤改电"政策将逐步向榆垡和礼贤两镇倾斜，更多来自这两镇的村户将加入"煤改电"行列。

"煤改电"

据了解，全区"煤改电"工程是在新机场周边区域和重点镇区域推广电力采暖方式。对实施"煤改电"的农村住户安排电力增容和线路改造，通过政策引导农村住户安装电力节能采暖设备，减少燃煤消耗。

另外，根据大兴区减煤换煤"属地主责"推进机制，户内采暖设备供应商将采用各镇自行招标的形式确定，参加招标的企业来自北京市能源协会提供的企业名录。而在户内户外设备安装好后所涉及的产权归属问题，将由每村每户自行制定制度、条款等加以规范。

新"煤"体

国家新媒体产业基地供热厂建于 1994 年，随着锅炉老化，效率越来越低，污染也越来越重。2012 年基地决定实施锅炉"煤改气"工程，2013 年改造完成 130 蒸吨锅炉"煤改气"，这一年减排二氧化硫 255 吨，烟尘 18 吨，氮氧化物 90 吨，

新媒体供热厂"煤改气"改造完工

每年使大兴区污染物排放总指标下降 5%，占 2013 年全市工业园区"煤改气"任务总量的 26%。

为了响应国家的号召，新媒体将"煤改气"工作推到前台，2014 年 11 月，新媒体产业基地北京京仪集团有限公司和中土畜三利实业发展有限公司两家"煤改气"企业正式点火通气。共拆除 30 蒸吨燃煤锅炉，其中北仪集团将每年用煤量为 1200~1400 吨的 2 台燃煤锅炉替换为两台 8 蒸吨燃气锅炉；三利实业将每年用煤量为 1800~2200 吨的 4 台燃煤锅炉替换为两台 6 蒸吨燃气锅炉。

众所周知，煤炭、石油等化石能源的使用是雾霾形成的重要原因之一，新媒体"煤改气"之后，采用清洁的天然气作为燃料，有效减少了污染物排放，降低了大气污染，提高了热效率，为落实北京市清洁空气行动计划，改善首都空气质量做出了重要贡献。

2014 年，大兴区结合污染源情况和区域特点，制定了《大兴区 2014 年清洁空气行动计划专项折子》（简称《专项折子》），《专项折子》从压减燃煤、控车节油、治污减排、清洁降尘四方面，制定了 51 项重点工作，并责任分解至各镇街及 17 家职能部门，明确目标和完成时限，同时将这些工作内容列入区政府折子工程专项督查。每月由区政府督查室、区环保局、区监察局进行联合督办，对于进展缓慢及存在困难的项目单位，及时协调处理，确保任务按计划推进实施，形成上下联动、齐抓共促的良好氛围，大气治污行动明显提速。

新"气"向

随着机动车保有量的高速增长，大气污染问题也十分突出。大兴区通过完善辖区新能源车配套设施建设、发展新能源车、淘汰退出老旧车辆、加大流动源监管等综合手段落实控车减油任务。去年共淘汰老旧机动车 3.79 万辆，超额完成计划任务 47%。同时加强流动污染源监管，去年全年检查机动车排放 145 万辆，超额完成任务 130%。"从源头加强货运车辆监管也是一项重要工作"，区环保局相关负责人介绍，去年大兴区由属地牵头，联合多部门针对非法物流园区开展专项清理，2014 年完成了 5 个物流园的清退工作。2014 年，调整退出不符合首都功能定位的污染企业 73 家，对 13 家企业完成清洁生产审核，对两家混凝土搅拌站进行了清退，对 12 家重点行业企业通过采取改进工艺、调整退出等方式，共计减排挥发性有机物 526 吨。

区环保局通过开展"零点行动""大气专项执法周"等五大项 12 类 78 个专项行动，加大各类环境违法行为处罚力度，处罚金额同比增长 71.8%。同时，对排污企业全面执行新标准，排污缴费再创新高。全年征收排污费 1047 万元，首次突破千万。"通过这些强有力的处罚，强化了污染者的经济责任，增强了企业环境自律意识。"区环保局相关负责人表示，2015 年，区环保局将继续严格执行《北京大气污染防治条例》，将减排作为根本，在压减燃煤、控车减油、治污减排、清洁降尘等领域，综合运用法制、经济、技术、行政手段，削减大气污染物排放总量。在全面落实清洁空气行动计划 51 项重点任务的基础上，着力在法治、减排、管理、应急、联防等方面下更大力气，努力推动空气质量加快改善。

尾气监测

第三节　果林文化

大兴区具有悠久的果树栽培历史，新中国成立后果品产业开始了快速发展。1979 年，随着党的十一届三中全会的召开，党在农村的各项政策进一步落实，林果业发展很快，至 1981 年年底，果树面积已达 5.94 万亩。1993 年被北京市政府确定为首都梨的生产基地县，1997 年"金把黄"鸭梨生产基地建设被市政府确定为市级重点农业产业化项目，自此确立了大兴梨产业在全市的主导地位。目前已形成以西部永定河沿岸的榆垡、庞各庄、北臧村镇，中部的魏善庄、长子营、安定等镇为中心的梨树产业带，面积 8 万亩；以采育镇为主的葡萄产业带，面积 1.5

御林古桑园皇封"树王"

万亩；以安定镇为主要分布栽培的桑产业带，面积 7000 亩。

❧ 御林古桑园 ❧

安定镇有着上千年的种桑历史，拥有华北最大、北京地区独有的千亩古桑园，桑园位于安定镇前野厂村西侧古河滩沙地，总面积 340 亩，年产桑葚 25 万千克，共有桑树 14000 多株，其中老桑树有 500 株，古树树龄最老的达 500 年以上。相传自东汉年间已有种植，明清时期所产桑葚更是作为皇宫贡品出现在紫禁城内。目前已经建成集旅游、观光、采摘于一体的综合性园区。每年 5 月中旬，园内举办桑葚文化采摘节，主要向游客提供桑葚采摘以及休闲旅游服务，同时开展民俗旅游项目，让都市人了解农家民俗，欣赏田野风光，许多市区的群众和单位都慕名前来旅游、观光、采摘，收获了良好的经济效益及社会效益。

❧ 葡萄园区 ❧

采育镇葡萄种植历史悠久，目前是京郊葡萄主产区，有着"京南吐鲁番"的美誉。随着近几年来观光农业的逐渐兴起，采育镇充分利用本镇优越的区位优势、产业优势，进行旅游资源的开发，大力发展农业观光业。采育镇于 1998 年建设万亩葡萄观光采摘园，镇政府投资 500 万元，进行园区硬件设施的建设和软件环境的开发，集中建设了十里双臂、拱架式葡萄长廊、占地 2 万平方米的集科研、培训、住宿、娱乐为一体的葡萄庄园，葡萄文化展厅、葡萄保鲜库。每年 8 月中下旬举办的葡萄文化节内容丰富、精彩纷呈。旅游观光游客逐年增加，

万亩葡萄园

第七章　京南绿肺

135

进一步带动了地区经济的发展。

北京科育葡萄技术研究中心自 1999 年成立以来，在市区有关部门的支持下，以打造集葡萄技术研究、推广示范与观光休闲为一体的现代都市农业示范基地为核心，先后建设了中国葡萄博物馆、葡萄园林风情游乐园、葡萄观光采摘园、葡萄生态娱乐餐厅、葡萄产后保鲜库、葡萄与葡萄酒综合办公试验中心大楼、成教培训中心、葡萄酒堡及葡萄原酒发酵站等相关设施。

中心现有示范基地 500 亩，其中风情观光游览栽培区 200 亩、延迟栽培区 50 亩、避雨栽培区 100 亩、种植品种保存区 20 亩、露地自然栽培区 130 亩。2004 年，通过 ISO14001 国际环境管理体系和 ISO9001 国际质量管理体系认证。通过基地的科技示范作用，引进推广优良品种 50 余个，带动 4000 余户果农致富。

桃园区

黄村镇鹅房大桃标准化基地处于大兴区农业生态带北端，基地面积 500 亩，年产量 75 万公斤，主栽品种：京春 4 号、京红、庆丰、久保、14 号、白凤等。基地完全按照标准化生产要求进行管理，并已取得北京市安全食品认证。鹅房大桃在北京地区享有很高声誉。

桃园

梨园区

魏善庄精品梨科技示范基地从 2000 年开始建设，示范引导果农实行高接换优新技术，改造老旧果园，先后引进日本、韩国的丰水、黄金、新世纪等 60 多个优新品种。基地生产管理采用网架式平面栽培技术等九项高新技术，生产全过程按照北京市果树栽培生产技术综合标准 DB11/T080-1997 的要求进行，其果品全部达到绿色无公害标准。目前通过了 ISO9001 国际质量管理体系和 ISO14001 环境体系认证。

2002 年，基地建设了果品气调保鲜库 1500 平方米，并配套检测选果分装设施，可对绿色精品梨进行选果、分装、检测、储藏、销售一条龙作业；建立了果树技术培训中心，先后多次聘请国内外著名专家教授指导、培训技术人员和果农，使果农很好地掌握了高接换优和幼株定植的全套技术，带动了周边果农种植优新品种的积极性，促进了周边的经济发展。

第四节　动物家园

同在蓝天下·动物园

1989 年，万亩片林初步建成，邓颖超同志为此题名"榆垡万亩林"。依托榆垡万亩林，1996 年，建设了北京野生动物园，从事野生动物的驯养、繁殖，并常年向公众开放。1996 年 3 月 10 日，百名将军在榆垡万亩林植树，建起"将军林"；同年，为纪念长征胜利 60 周年，王平、李德生、杨成武、张爱萍、陈锡联、萧克等 30 多位老将军，到北京野生动物园植树，建起了一片"红军林"。

没有沙荒地上的人工造林成果，就没有如今的北京野生动物园。榆垡万亩林是大兴防沙治沙成果的缩影，是大兴"绿甜造势"的典范。

1989 年 3 月 1 日，《中华人民共和国野生动物保护法》正式实施以来，大兴区野生动物保护工作取得了显著的成果。

大兴区通过多种形式，提高全区群众的野生动物保护意识。每年 4 月"爱鸟周"期间，区林业局协调科协、教育局等多家单位，在黄村新城繁华地段设立宣传站，开设了《爱护大自然》留言专栏，吸引群众的参与和互动。通过开展在树林中悬挂亲手制作的鸟巢、为小鸟安个家等活动，使中小学生身临其境体验爱鸟护鸟的感受。"爱鸟周"活动搞得有声有色，民众爱鸟护鸟意识普遍增强。

自 1990 年至今，全区对近百只受伤、被困、掉队、失散的野生动物实施了救护，其中包括国家一级保护野生动物大鸨、梅花鹿、小天鹅等，国家二级保护野生动物大天鹅、黄爪隼、食猴蟹、毛脚鵟、疣鼻天鹅、灰鹤、红隼等。人类善待动物的行为，成为社会文明的一个小小窗口。

大兴野生动物园

大兴区加大对禽只监管，预防禽流感暴发。加强对鸟类市场的检查力度，责令鸟类养殖单位做好预防工作，设立了鸟类监测点，对禽只流量进行监测和统计，向大兴区重大疫情指挥部报送鸟类监测情况。

2004年4月，大兴区首批成立了"北京野生动物保护协会""北京爱鸟协会"，野生动物资源保护工作更加规范。目前，已发展"两协"会员832人，有利地促进了全区各项野生动物保护工作的开展。

共享大自然·麋鹿苑

"大家按照我手指的方向往那看，电线杆上有只红隼。红隼是老鹰的一种，属于小型猛禽，现在它正在觅食，当看见有老鼠出现时，就会一头扎下去咬断老鼠的脖子，然后吃掉。"在大兴区南海子的麋鹿苑内，著名环保专家郭耕正在声情并茂地为参观游玩的百姓讲述科普生态知识。

　　"请问，当你钻进牢笼，像被圈养的动物一样失去自由，你内心的感受是怎样的？"郭耕对游客提出了问题。"心里很不舒服，很压抑。""感觉突然间就失去了自由！""动物肯定也特别难受。"……游客你一言我一语地说道。在麋鹿苑的科普教育基地内，路两旁摆放着大小不一的笼子，这一组组动物笼子，就是为了告诫人们不要轻易把动物关在笼子里，否则会受到自然的惩罚。

　　沿着麋鹿苑的观光路线图走，大家很快来到一座猴子雕像面前。"它叫'三不猴'！大家可以看到它是由三只猴子组成的，有的在捂嘴巴，有的在捂耳朵，有的在捂眼睛。这里为什么会有'三不猴'呢？"郭耕继续向游客们讲解到，"三不猴"蕴含着孔子所提倡的礼仪，即非礼勿说、非礼勿听、非礼勿视，对人的行为具有指导意义。而在"三不猴"的前方是一条大船，它叫"地球号方舟"，从悬窗中可以看到里面绘制了一些世界动物分布的图示。这条大船具有象征意义，比喻在茫茫宇宙中，地球就像一条大船，承载着万物，但愿它不会因为

麋鹿苑

人类的贪婪和无知，变成一条危机四伏的泰坦尼克号，告诫人类应该和自然和谐相处。

"这是什么？怎么用木头绑成'森''林''木''十'这几个大字呢？"一名游客满腹疑问。随着游园的深入，记者发现，麋鹿苑内所有的游乐都被赋予了爱动物的深意，所有的座椅都写着环保名言，甚至有一副长长的动物多米诺骨牌，记录着在过去100年内世界上灭绝的动物种类，触目惊心。而这组用木头绑成的4个大字也具有深刻含义，郭耕解释道，它表示一个人拥有一片森林，两个人拥有一片树木，一群人拥有一棵小树，随着人类砍伐，最终留给人类的将是一个十字架的坟墓。寓意大家要爱护环境、保护自然，杜绝乱砍滥伐。

最终，在环保专家郭耕的引领下，游客们仔细参观了麋鹿苑以及动物保护科普设施。从"科普教育基地"到"世界灭绝动物墓地"，再到"滥伐的结果"，以及"野兽"或"野鸟"的自白，游客们对生态保护有了统一的看法。纷纷表示："没有买卖，就没有杀害，保护野生动物其实就是在保护我们自己。"其实保护濒危野生动物，距离我们并不是非常遥远，甚至可以说是息息相关的。在今后的生活和工作中，除了要以身作则，还会向家人和朋友灌输保护野生动物的观念。

大兴区土地总的特点是薄、碱、沙、洼，土壤结构差。1980年土壤普查测定，全区土壤有机质含量平均为0.94％，在北京市各区县最低。经过30年的建设，到2008年，全区林木绿化率30.24%，森林覆盖率24.91%，绿地面积717.04公顷，城区绿地率33.13%；绿化覆盖面积880.79公顷，城区绿化覆盖率40.67%，人均绿地51.14平方米，人均公园绿地10.61平方米。

改革开放以来，全区始终将保护和发展森林资源、改善生态环境作为社会主义现代化建设的战略任务，现已建立了完善的农田防护林体系，大兴人用辛勤的汗水打造了如今这个高标准的平原生态体系、高效益的林业产业体系、高技术含量的林业科技体系以及内涵丰富的生态文化体系。贫瘠的沙荒地已经巨变成造福大兴子民的绿海甜园，绿色隔离带建设为首都的生态安全提供了坚实的绿色屏障，城乡面貌彻底改观。

生态建设的大发展，极大地改善了生态环境，竖起一片林，固住一片沙，美化一片村，撑起一片绿，大兴城乡生态面貌焕然一新。当城乡绿树环绕、社区花团锦簇、农田花果飘香时，当腰包鼓起来、腰杆硬起来、胸膛挺起来、头昂起来时，人民由衷地感谢党的十一届三中全会改革政策制定得好。

绿化美化改善了全区的投资环境，促进了旅游业、观光休闲业的发展。依托邓颖超同志命名的"榆垡万亩林"，实施建设了"北京野生动物园"；依托原半壁店治沙片林建成了京郊平原第一个森林公园，进而又发展了星明湖度假村、世界民居村。此外，开发兴建了北京麋鹿苑、森林高尔夫球俱乐部、团河行宫遗址公园、东方骑士俱乐部、中华文化园、北普陀影视城及分布在沙区的观光果园、观光农业景点等。

捌

第八章
绿色发展

　　随着社会的发展与进步，人们对现代化的认识也在逐步发生着改变。那种过于追求经济增长而忽视甚至牺牲生态环境的发展模式，已被人们摒弃。无论是日常生活还是生产经营活动，环境保护意识越来越贯穿其中。党的十八大做出的"五位一体"总体布局，更是将生态文明建设提升到前所未有的高度。其实，关于绿色发展，大兴区早已开始了自己的实践。

第一节　清洁能源

绿色是大自然的特征颜色，是生机活力和生命健康的体现，是稳定安宁和平的心理象征，是社会文明的现代标志。绿色蕴含着经济与生态的良性循环，意味着人与自然的和谐平衡，寄予着人类对未来的美好愿景。党的五中全会《公报》提出：要"促进人与自然和谐共生，构建科学合理的城市化格局"。《国家新型城镇化规划（2014—2020 年）》提出，要加快绿色城市建设，将生态文明理念全面融入城市发展，构建绿色生产方式、生活方式和消费模式。这意味着，"十三五"期间的城镇化要着力推进绿色发展、循环发展、低碳发展，节约集约利用土地、水、能源等资源，强化环境保护和生态修复，减少对自然的干扰和损害，推动形成绿色低碳的生产生活方式和城市建设运营模式。绿色社会成为一种极具时代特征的历史阶段，渗入了经济社会的不同范畴和各个领域，引领着 21 世纪的时代潮流。

2006 年起，根据北京市新农村建设工作部署，"三起来"工程能源项目建设成为农村可再生能源工作重心。"三起来"即：让农村"亮起来"、让农民"暖起来"、让农业资源"循环起来"。"亮起来"项目包括推广太阳能路灯、节能路灯改造等；"暖起来"项目包括推广搭建高效节能卫生吊炕、太阳能公共浴室、农业设施地源热泵采暖等；"循环起来"项目包括开发利用生物质能，建设大中型沼气及秸秆气化集中供气工程，户用沼气，生物质压缩成型，推广生物质炉具，开展养殖场粪污治理等，是大兴区农村可再生能源利用发展速度最快的时期。

大兴区根据技术成熟程度、农民实际需求以及村庄自身特点等，合理安排能源项目，稳步推进农民最关心的、受欢迎的项目。2006—2015 年共计投入资金 3.6亿，实现年节约标煤 4.7 万吨，推动了农村地区"减煤换煤、清洁空气"行动计划的进程，促进循环农业经济的发展，同时，优质、高效的清洁能源也逐步得到了广大农民的认可。10 年来，大兴地区清洁能源项目建设的稳步推进实现了农村街道 100% 亮了起来（除机场限控区），让 30% 以上农民的生活暖了起来，50% 以上的农业资源循环了起来。

🌿 沼气利用 🌿

1992 年，留民营村建起了第一座 100 立方米的塞流式发酵罐沼气工程，是我国第一批投入运行的大中型沼气工程之一。1997 年，留民营村又建成一座 200 立方米的 USR（升流式固体反应器），对全村两百多户居民进行管道供气。留民营沼气工程得到了国内外专家、学者的肯定，2004 年 10 月 12 日，时任联合国秘书长科菲·安南参观后给予高度评价："你们正在探索兼顾经济增长与环境的新模式，不仅给中国，而且给所有人带来了启迪，我们必须更好地与自然和谐相处，学会可持续发展。"

2004 年，在留民营村安装运行了沼气能源发电机组，发电机组功率为 50 千瓦，主要运用沼气所产生的热能进行发电。该项目经过周密的准备及合理的安排，于同年 11 月启动运行。

为了进一步加大新能源利用规模，提升沼气站综合利用效能，2009 年，留民营村在原气站基础上进行了七村联供扩建工程。新建了 2 座 800 立方米的 USR 发酵罐和 6 座 40 立方米 0.8 兆帕的储气罐，并配套铺设了 90 公里的沼气输配管线，添设了燃气调压箱等相关设施。项目建成后，为留民营、靳七营、窦营、白庙、赵县营、郑二营和沁水营的 7 个村 1695 户居民提供方便、清洁、安全和廉价的管道沼气。该

沼气七村联供工程完工启用

145

工程总投资 2381 万元，项目总占地 9020 平方米。日处理粪污 34 吨，年产沼气 91 万立方米，实现减排二氧化碳 9000 吨。

一村产气，七村共用。相对于一村一站而言，七村联供模式不但极大降低了投资费用，节约了占地，大大减少了运行管理人员数量，而且便于集中管理维护，实现了集约化生产经营。

2006—2009 年，大兴区先后建设了安定镇后安定、佟营、长子营镇北蒲洲、北泗上、牛坊、青云店镇小谷店村、礼贤镇荆家务村、魏善庄镇赵庄子、采育镇大皮营等 11 处沼气工程，采用 USR 中温发酵工艺，以猪、牛粪污为原料，发酵罐容积 4000 立方米，总供气规模 3000 余户。

❧ 生物质能利用 ❧

1996 年，华北地区第一个秸秆气化集中供气站在大兴县大辛庄乡中心村建成，供气户数 110 户，项目投资 50.2 万元，气站的建成引起了联合国能源署十六个国家代表及国内十几个省市领导的高度评价，受到农户及政府等部门的认可。随后，为推进秸秆气化项目的建设，大兴县能源办公室主写了《关于在北京地区大力发展秸秆燃气的可行性报告》呈送北京市市长贾庆林，批复后，由北京市计委牵头，在北京 9 个远郊区县展开生物质气化集中工程建设。大兴县相继在采育镇杨堤、礼贤镇王庄等村推广建设秸秆气化集中供气工程 4 处。

2006—2009 年，相继建成了长子营镇朱庄、榆垡镇辛安庄、石垡、西瓮各庄、大同营、张各庄、魏善庄镇东芦垡、青云店镇孝义营等秸秆气化项目 9 处，改造了榆垡镇刘家铺、采育镇杨堤气站，均采用氧化还原工艺。

两气站的建成运行受到了农户的欢迎，但因公益化运行，气站亏损较严重，镇村经济负担重，因此，开始探索实践"一站生产、多村用气"的集中供气工程模式，利用建成气站的生产能力，通过增加储气柜、敷设输气管网，进行扩村、增加用户，达到提高经济效益的目的。

继留民营沼气站七村扩建后，又投资 730 万元，对朱庄秸秆气化工程分别进行了二期、三期扩建，以多村联供形式带动周边农村清洁能源的推广及使用，项目建成后，气站总占地面积 3227 平方米，配有三套气化机组，13 个地埋式常压储气柜，总储气容积 1440 立方米，敷设输气管网 10 万余米，产能达到 146 万立方米 / 年，供气范围辐射周边 8 个村的 1700 户农户，年可消纳农业废弃物 800 余吨。

🌿 太阳能利用 🌿

结合北京市科委"太阳能照亮百村示范工程"及新农村"亮起来"工程建设，大兴区逐渐推进农村路灯建设，2006—2008 年，全区共安装太阳能路灯 1 万余盏。

经过几年的运行发现太阳能路灯存在蓄电池寿命期短、易被盗、易损、维护费用高、后期维护难的问题。自 2009 年开始，改为利用原有供电线杆对村内路灯进行节能改造，采用 LED 绿色节能光源，有效减少了初期投资，并且维护简便，受益面广，共安装村内节能路灯 3

工作人员正在组装太阳能交通牌

万盏，基本实现村内主要道路"村村全覆盖，路路亮起来"。

太阳能公共浴室：2008 年起，采用太阳能与地源热泵浅层地热相结合的技术，利用太阳能热水系统作为浴室的洗浴用水，地源热泵作为冬季采暖和热水的备用热源，采用智能刷卡系统。截至 2015 年年底，共建设太阳能公共浴室 63 处，建筑面积 15070 平方米，集热器面积 5300 平方米，解决了约 2 万余农户的四季洗浴问题，实现年节约标准煤 1000 吨。户用太阳能热水器：作为公共浴室的有效补充，为不具备建设公共浴室条件的村庄安装户用太阳能热水器，满足农民生活热水需求，共推广 3 万台热水器，实现年节约标准煤 5800 吨。光伏发电：拓宽清洁能源利用途径，与太阳能公共浴室及种植园区项目相结合，2014 年起试点推广太阳能光伏发电项目，目前已建成总装机容量 500kW 的分布式电站，开拓了农村能源利用新领域。太阳能公共浴室 7kW~10kW 分布式光伏发电站，年发电量 1 万~1.2 万度。农业园区 50kW~100kW 分布式光伏发电站，年发电量 5.5 万~11 万度。

浅层地热利用

2009 年开始，结合大兴区设施化农业发展实际，将地源热泵采暖技术引入农业生产，在庞各庄镇御瓜园、长子营镇良种场示范建设农业设施地源热泵采暖项目，采暖面积 8000 余平方米，采用地源土壤热量为温室大棚供暖，调节室温，替代原有燃煤锅炉供暖，相对于传统燃煤取暖，节能 30% 以上。2010—2015 年，继续推进地源热泵技术在农业生产中的应用，在长子营镇长力金源种植基地、建设利用地源热泵技术供暖项目。同时，结合 2016 年洲际月季大会建设，为其主场馆建设地源热泵采暖工程约 3.5 万平方米，大力推广浅层地热资源利用，力争打造节能型会展典范。

太阳能大棚

建设能源生态示范镇

为推动都市化农村、农村资源循环的进一步发展，提升农村能源生态建设影响力，结合大兴实际，在长子营镇进行能源生态示范镇创建试点工作，将长子营镇逐步形成以生物质能源利用为重点，以绿色可再生能源为纽带的农村能源新型乡镇，为建设资源节约型和环境友好型社会起到积极

太阳能田间灭虫器

作用。截至 2015 年年底，共安装太阳能路灯 815 盏、节能路灯 2600 余盏，可再生能源燃气覆盖 18 个村 4500 户，可再生能源使用覆盖率达到 50% 以上。

构建三级能源服务体系

为推进"绿色发展"，大兴区在充分发掘利用自然资源的同时，努力加强能源服务体系建设，不断建立健全区、镇、村三级农村能源服务组织，为已建成或待建的能源项目提供技术支持和后续服务。2009 年，大兴区成立能源维修服务站，负责农村能源设施的技术维修及技术咨询与指导。2010 年，以留民营、朱庄两气站为基础，成立村级能源技术推广利用中心，为农村能源设施提供方便、快捷的维修、维护服务，有效地促进了三级服务体系的建设。同时，引进社会力量，委托专业化经营公司，对两气站的安全运行、管理等提供检查、咨询、检测、维修维护等技术服务，为行业监管提供依据。

风物长宜放眼量。良好的生态环境是人和社会持续发展的基础，生态环境保护功在当代、利在千秋。牢牢树立绿色发展理念，守住生态文明红线，加快实现"生态环境质量总体改善"的发展目标，给子孙后代留下天蓝、地绿、水清的美好家园，必将有力助推中华民族永续发展。

第二节　绿色产业

如今的大兴紧抓两区融合发展、南部制造业新区的功能定位及"城南行动计划"正式实施的良好机遇，以科学发展观为指导，落实节约资源基本国策，逐步推进产业结构调整和推动节能理念在重点领域的具体落实，加大科技投入，培育节能减排科技专项，积极推动技术研发与推广工作，大力发展节能环保新兴产业，以节能环保产业基地为依托，大力发展太阳能、生物质能为主的新能源产业，加速发展"低碳经济"，为城市生态建设助力。

❧ 生态工业建设 ❧

2009 年初，北京市唯一一家国家级节能环保特色产业基地——国家火炬计划北京大兴节能环保特色产业基地在大兴正式建立。2010 年，北京市科委和大兴区政府在采育经济开发区共建北京新能源汽车科技产业园，引入北京汽车新能源汽车有限公司、北京普莱德新能源电池科技有限公司、大洋电机等一批重点企业。2011 年 4 月北京天普太阳能工业有限公司正式命名为联合国工业发展组织国际太阳能中心北京太阳能研发与产业基地，大兴区科委投入科技项目经费 10 万元支持天普太阳能光热产业与技术研发基地建设。2011 年 6 月 29 日，有着行业"第一绿"之称的京东方北京 8.5 代 TFT-LCD 生产线在北京经济技术开发区点亮投产。其屋顶铺设的太阳能电池板、余热回收系统、再生水利用系统等全流程绿色管理体系，使其成为名副其实的中国"绿色工厂"样板。大兴新区充分发挥区位优势，拓宽渠道，加强院区、院镇、院企等形式合作，加强与北京工业大学等高校沟通，

新能源汽车

着力吸收引进首都科技资源，为节能环保产业发展提供智力资源。同时，大兴区还采用直接投资或资金补助、贷款贴息等方式，加大对资源循环利用的重大项目和技术示范产业化项目的资金支持力度。

　　大兴区以"北京·亦庄"为品牌，通过政策引导，进入"一区六园"的企业，均为节水型、低耗能企业。3D、物联网、云计算、低碳经济等新产品、新技术、新概念，国家未来重点发展的新能源、新医药、节能环保、高端制造业等战略性新兴产业重大项目逐渐成为大兴区工业建设的主导产业。

　　在发展"低碳经济"的进程中，大兴区综合运用理念宣传、政策引导、规划调整、技术进步、示范推进等手段，深入推进开发区国家生态工业示范园区的建设。对资源综合利用企业、清洁生产项目采取财政和税收优惠政策，大大降低工业生产中的资源、能源消耗；强化资源节约和再生利用，降低工业生产中的资源和能源消耗；加强工业节水，建设节水型工业园区；限制高耗水工业发展，提高工业用水复用率。

　　在发展新兴低碳产业的同时，大兴区全面推进"三高"工业企业的退出工作，

第八章　绿色发展

从源头上减少污染排放。开发区环保局牵头启动了"环保为亦庄，低碳有你我——26℃空调节能"的系列宣传活动。诺基亚、兴基铂尔曼、中冀斯巴鲁酒店等企业郑重承诺将室温控制在26℃，在企业内践行低碳节能理念。同时，北京市首个废荧光灯管集中回收处置工作试点的顺利开展，再生水的全面利用，创"国家生态工业示范园区"工作的推进，无不彰显着大兴区在"低碳经济"谋划方面的拳拳之心。

🌿 天普集团谱篇章 🌿

天普集团创建于1989年，在20多年的发展历程中，天普始终走在行业发展的前沿，从发明第一个太阳能圆形水箱并重新定义了太阳能热水器的外观，到第一个研制出现在占据市场规模80%以上的Φ58真空管；从第一个建设太阳能综合示范房，到第一个建设新能源综合示范建筑；从第一个太阳能农业领域应用，到第一个承建太阳能大型工业应用，在天普不断创新的过程中，社会责任的承担是支持天普不断前行的动力。

作为太阳能领域的领军企业，天普集团与其驻地的大兴区有着紧密的合作。2013年，天普与大兴合作，在新农村建设中安装7400台太阳能热水器，2014年再添加4000台；在榆垡拆迁安置房项目中，8000平方米太阳能设备将让4500户搬迁居民用上清洁能源；在各方积极行动发力治理雾霾的背景下，天普新能源产品让刘家铺村成为"无煤村"，节能率达到70%……

天普太阳能，最大的感受不是其承担的国家"863计划"、国家火炬计划、北京奥运会建设科技等专题项目，不是其拥有的数十项国家专利，也不是其从家用太阳能热水器的设计、生产安装及服务到为客户提供以生活、工业热水、建筑采暖、制冷、清洁电力为主的新能源综合发展之路，而是充盈天普集团所有员工日常工作与生活的大生态理念，以及将国学与企业管理融为一体的企业文化。

每平方米太阳能每天可替代0.2公斤标准煤。这样一个等量代换的背后，是天普太阳能沉甸甸的社会责任。社会责任的体现，不仅仅在为用户提供优质产品和

天普太阳能

服务上，而是贯穿于天普太阳能的企业文化中。

刚刚加入集团的一名外地营销人员不知道天普的企业文化，在集体活动吃自助餐后剩了半个馒头，有员工把问题反映给了公司领导，这位领导什么都没说，而是过去把那位新员工剩下的半个馒头吃了，此后，公司食堂泔水桶里都看不到剩饭。这位领导说："一粥一饭，当思来之不易。半个馒头，折射出的，却是整个企业的人文素养。"

每天上午8点，天普员工会聚在千人大礼堂，齐声朗诵国学经典《弟子规》；每年评选优秀职工，奖励的不是职工本人，而是他们的父母；每年100万元用于奖励员工合理化建议及节约创新；2008年建成"修德谷"，致力于公益性质的传统文化推广；每年8月8日举办集体婚礼；公司食堂素食主义的践行……这样的细节还有很多，一切都体现着人与自然的和谐共生。在这里，现代高科技工业与大生态理念的人文关怀相得益彰。

第八章 绿色发展

❦ 三众能源地下科技 ❧

北京地区地下不到 200 米深处，温度常年恒定在十几摄氏度。这不仅在夏季可以作为制冷源，而且冬季可以作为供热源。地源热泵系统正是利用可再生的浅层地热能源实现室内供暖与制冷的一种应用。它不仅适用于宾馆、办公楼、商场、学校供暖与制冷等公共建筑，也适用于普通民用住宅，被称为"21 世纪的绿色空调"。近年来，零污染、低耗能、高性价比的特点，让地源热泵系统在工民建领域的应用越来越广泛，节能减排效果非常明显，日常运维费用也大为降低。

位于中关村科技园区大兴生物医药产业基地的北京合创三众能源科技股份有限公司（以下简称三众能源），成立于 2004 年，其业务集工业、民用建筑节能环保领域的咨询、规划、设计、科研、投资、建设、运营、服务、托管等几大环节于一身，拥有多项核心技术和自主知识产权。

三众能源董事长李红霞介绍，与传统空调技术相比，地源热泵空调系统不仅能耗大幅降低，而且可以利用云技术实现智能控制，即"气候补偿"。地面设备通过感应器将地面空气环境参数实时上传云平台，云端按照预设的标准下达指令到地源热泵控制器，对地源热泵加以调节，使室内环境更舒适。李红霞举例说，比如，在会议室环境下，开会时人员比较多，不开会时则没有人，同一场所不同情况下对空气环境的要求不一样，通过云技术可以根据现实环境的不同情况对其加以自动调节，达到既舒适又节能的效果。

三众能源

此外，地源热泵空调系统的运维成本也比传统空调技术大幅降低。在中组部全国组织干部学院地源热泵中央空调系统工程中，三众能源正式启用了自主研发并拥有自主知识产权的"地源热泵中央空调自动控制系统"，该控制系统将工程中应用到的太阳能等其他设备的控制均纳入其中，实现了各能源方式之间的无缝切换，最大限度地降低了一次能源消耗。经过一年半的运行，效果非常明显，特别是采暖季，与传统市政管网供热相比，新的供热系统节约费用达35%；而且室内空气是流动的，十分清新。2012年，该项目获得鲁班奖、詹天佑奖和全国绿色建筑运行三星级标志，三众能源承担的地源热泵中央空调系统在其中成为获奖的重要因素。

围绕《大气污染防治条例》的贯彻落实，大兴区进一步加大大气环境违法行为的查处力度，采取多部门联动的方式，先后开展"零点行动""大气污染防治专项执法周"等系列专项执法行动，严厉打击燃煤超标排放、露天焚烧、露天烧烤等违法行为。区环保局相关负责人表示，将继续加大大气污染治理督查力度，积极推进污染减排进度，全力提供精准监测数据，深化环境执法监察，为北京的清洁空气行动计划保驾护航。

第八章 绿色发展

第三节 生态教育

生态科普进万家

依托原有生态资源,科学布局、合理规划城乡建设,加大工业园区生态建设……如今的大兴日渐形成"绿色园廊绵延相连、高端产业镶嵌其间""一路一品、一街一景"、宜居宜业的生态都市环境。大兴区在城市化进程中,时刻不忘绿色生态,这里正在打造绿色北京的城南绿海,南部入京的第一印象,产业新区的生态基础和低碳绿色家园。

为配合低碳生活理念的推广,更好地提高辖区百姓生活质量,大兴区政府持续加大民生领域财政投入,促进居住社区和公共建筑的节能减排,推广采暖供热系统节能技术,提高锅炉、建筑内外管网系统的能源利用效率,推广家用节能产品。在

太阳能发电

实施新农村新能源示范工程中,加快太阳能、生物质能、地热能等新能源的推广和利用,支持长子营新能源示范镇和采育地热资源阶梯利用示范镇建设;加强建筑节水,新建建筑强制安装节水器具和设备,加快现有建筑节水器具和设备的更新改造;加强生活节水,大力推进住宅小区中水回用工程建设。建设中水管网,提高城市中水利用率,制定节能惠民产品目录。

❧ 舆论引导常态化 ❧

区委宣传部和区农委制订"减煤换煤、清洁空气"行动宣传方案,区内媒体要抽调专人,负责收集、跟踪报道工作进展情况,挖掘镇、村典型经验。

建立由区委宣传部和区农委牵头协调,组织区文明办、区广电中心、《大兴报》和各镇宣传部等部门,通过充分利用电视、报纸、广播和网络等渠道,建立纵横交错、上下贯通的宣传格局。通过电视专题片、《大兴报》专栏、新闻专题、公益字幕、公益宣传片、一封信等方式,报道介绍"减煤换煤、清洁空气"行动相关的工作,全面覆盖各类受众群体。区新农村办负责提供与"减煤换煤、清洁空气"行动工作相关的政策解读、信息数据等材料,并负责联系煤炭公司和炉具工作的专业人士协助拍摄、采访。不定期对各镇、村的宣传效果进行考核,建立"减煤换煤、清洁空气"行动工作常态的宣传考核机制。

❧ 主题宣传活动 ❧

以"携手节能低碳,共建碧水蓝天"为主题的新区 2017 年节能宣传周正式启动。为了让更多的人参与到节能宣传活动中来,了解更多的节能环保常识,活动主宣传站点启动仪式设在了念坛公园。活动当天正值周末,吸引了许多群众的参与,有的认真观看展板和宣传材料了解节能知识和节能产品,有的仔细答题赢得环保购物袋等纪念品,还有人向工作人员询问节能知识和窍门,现场气氛热烈而有序。

此次节能宣传周的宣传重点是国家和北京市委、市政府出台的关于节能工作的政策措施。以建设生态文化为主线,以动员社会各界参与节能减排降碳为重点,普及生态文明理念和知识,宣传和推广节能减碳新技术、新产品,推动全民形成崇尚节约、绿色低碳的社会风尚在衣食住行等方面加快向简约适度、文明健康的方式转变,反对各种形式的奢侈浪费、讲排场、摆阔气等行为,引导公众科学消费、绿色消费。

社区开展迎"六一"绿色环保小使者活动

此外，在清城南区社区、北京印刷学院和各镇街、产业园区等，还设立了节能宣传分站点，通过悬挂横幅、设置展板，向社区居民、学生、老师等发放宣传材料和解答疑问等方式，普及节能环保知识，宣传绿色消费和生态环境理念，倡导低碳生活方式。

如今的大兴，不论是牙牙学语的孩童，还是鬓发斑白的老人，抑或劳作在田间地头的劳动者，都能随口说上几条环保的注意事项。新区人民正在点滴间践行低碳健康的生活方式，积极参与和努力共建和谐美好的温馨家园。

西红门镇的"绿色、低碳"主题运动会，康隆园社区的绿岛生活馆，兴华园青少年参与物品交换，滨河西里瓶盖变身象棋子，清源街道旧电池换糖果，康盛园社区百人徒步走，亦庄镇首推绿色积分卡，北京印刷学院、石油化工学院绿色志愿者服务……以社区为主体开展的丰富多彩的科普活动切实将低碳理念传播到每一个人心里。

大兴区区委区政府多措并举推动绿色低碳生活。在全区范围内确立"垃圾减量日""让座日""无车日""路德日""文明出行推动日"等系列活动；伴随着两条轨道交通在大兴区的顺利通车，2014 年大兴新区在新城地铁站、大型小区、商业区等公共场所周边设置了 20 个自行车租赁点，投放自行车 400 辆，从设施上有力地支持了绿色出行；大力推

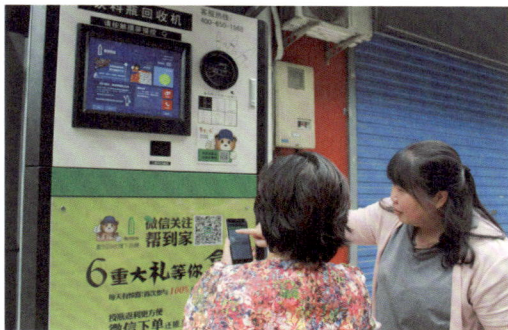

饮料瓶智能回收机

进节能减排、垃圾无害化处理、再生水利用等工作，淘汰一批高耗能、高污染和"小散低劣"企业；有效治理道路、铁路、机场、建筑、餐饮、娱乐等噪声污染源，创建安静居住小区；统筹废弃物收集与处置，确保实现垃圾的分类和减量，提高垃圾无害化处理率；进一步加强环境质量监测系统和重点污染源在线监控网络；严格执行环境影响评价制度，加强对建设项目环境影响评价的监管力度。

现如今，大兴区内苍翠的绿树掩映着湖光粼粼，整洁的街道旁林立着高科技园区，湛蓝的天空下民生安乐。大兴作为一个生态和谐、充溢着人文关怀、宜居宜业的绿色低碳家园，正逐步展现在世人面前。

第八章 绿色发展

玖

第九章
美丽家园

　　走进大兴区，仿佛置身于一片绿色的海洋，浓荫蔽日的路旁林带，不断向前延伸；经纬交错的田间林网，成为块块绿色屏障；成方连片的果林瓜田，漫溢着诱人的芬芳。铺满大兴全境的绿色，盛开千家万户的月季，镶嵌其中的工业园区、高新技术区，共同演绎着经济腾飞、生态发展的新大兴。曾经的文明古县散发着历史风韵，如今的京南门户洋溢着绿色梦想，繁华都市遇上了"绿海甜园"，这里高楼林立、宜居宜业，这里多彩多姿、大绿大美，这里是大兴人的美丽家园。

第一节　生态都市

现代都市撞上了"绿海甜园"

　　无论古今，城市建设和布局都离不开当地的自然地形和山水格局。这些城市生动地展示了人类工程巧妙地结合在自然中的智慧。传统的大兴区主要以农业为主，近年来，大兴的发展突飞猛进，城市建设备受关注，生态都市的理念贯穿始终。大兴紧紧依托原有生态资源，加大城市绿化、工业园区绿化，提高城市绿化面积，强化辖区居民生态科普观念，在打造宜居宜业、生态都市的道路上走出了自己的特色。

　　陆蠡《囚绿记》中有这样一段话："我欢喜看水白，我欢喜看草绿。我疲累于灰暗的都市的天空和黄漠的平原，我怀念着绿色，如同涸辙的鱼盼等着雨水！我急不暇择的心情即使一枝之绿也视同至宝。"人在自然中生长，绿色本就是自然的颜色。陆蠡当时择绿、囚绿的心境也许我们无从体会，但如今，我们钟绿、爱绿的心情却不曾缩减。

　　近年来，随着城市化进程加快推进，都市的高楼林立、霓虹闪烁、柏油马路、钢筋水泥，这些无生命的城市基础设施，构架了城市人群生存的空间，人们对绿的钟爱就更甚了。城市绿化在城市建设中的地位越来越明显，人们对城市绿化的认识也越来越深刻。绿化已经不再只是可有可无的点缀、装饰，或是陆蠡那样追求自由心境的寄托，而是具有了城市形象的美化、文明的象征及改善生态环境等功能，是一种生活的必需。也正是如此，宜居宜业、绿色环绕、郁郁葱葱的城市环境就更受人们欢迎了。

　　大兴，这片古老的土地如今发生了翻天覆地的变化，深度融合发展、城市化进程、高端产业聚集、各领域高尖端人才纷至沓来……曾经的绿海田园，正以跨越式发展的态势，成为北京南部异军突起的制造业新区。大兴变了，高楼大厦变多了，交通状况改善了，生活基础设施完善了，树木花草变多了，生态环境发生了巨大变化……无论是土生土长的大兴人，在大兴投资经商的外地人，还是来大兴休闲的游客，似乎都有这样的感觉，大兴快速的生态建设步伐正在促使大兴新城发生日新月异的变化，也为全区人民营造出了宜居宜业的生态环境。

　　大兴区是北京重要的通风口和南部生态保育区，在整个北京生态环境中扮演着重要角色。一直以来，大兴区始终把生态环境建设作为"服务城市、服务产业、服务群众"的基础工程。如何将绿色生态和城市建设布局相结合，实现城市与自然的和谐发展？如何搞好城市绿化美化？大兴区在这条道路上走出了自己的特色。

　　大兴绿化造林有着悠久的历史。新中国成立后，大兴人民便打响了改造自然的战斗。大兴的绿化造林是从治沙入手，1952 年，掀起了营造防护林的高潮。1969 年，林业进入了稳定发展阶段。1982 年春，又开始"三北"防护林体系工程

绿化环境

第九章　美丽家园

163

建设。至 1990 年，大兴防护林林带总长 6300 余公里，森林覆盖率由新中国成立前的不足 0.8% 提高到 19.8%。大兴在这片滔滔绿海中茁壮成长，成为京南的"绿海甜园"。

新时期，大兴依托原有生态资源，让现代都市建设与"绿海甜园"结缘，打造城郊型现代生态农业体系，成为首都的南菜园和粮食主产区。这里瓜香四溢、硕果累累，大片的绿植、森林，为大兴印出了一张绿色名片。西侧宽阔的永定河绿化带更是大兴境内天然的绿色屏障。大兴在城市绿化美化过程中，以原有的生态资源为依托，建设生态林地、交通绿化走廊、新城绿心，以点、线、面穿插的形式，打造西侧永定河绿化隔离带、东侧南中轴线绿化隔离带，并与城市内部绿化结合成一体，同时利用快速道路隔离带及新城的主要绿化景观道路向新城内部辐射扩展，努力实现生态绿地均衡布局，大力提升城市绿化率。

2010 年 9 月 28 日，北京南海子公园一期正式开门迎客；2011 年 5 月 28 日，总面积 8074 亩的大兴新城滨河森林公园正式对市民免费开放。两大公园宛若两颗生态明珠，错落有致地点缀于城南，宣示了大兴合理布局绿地空间，构建生态园

南海子公园

林新区的决心。

2014 年，大兴区新增造林面积 4336 公顷，新建绿地 27.5 公顷，已建成公园 35 个，总面积 1463 公顷。其中注册公园 29 家，精品公园 3 家，市级重点公园 1 家，注册公园全年共接待游人 820 万人次。大兴的绿化生态建设在为当地居民带来绿色生态环境的同时，更助力了整个大兴区和谐稳定的发展。大兴新城、亦庄新城和新航城周边生态隔离带，城镇内星罗棋布的公园，通道绿廊和水系绿廊，一同演绎出了"一轴、两带、三环、多园、多廊"交相辉映的绿色交响曲。

❧ 生态建设与城市发展齐头并进 ❧

大兴区得天独厚的地理环境宜于城乡建设，但处于快速城市化的大兴也面临着各种挑战。因此，在整个城市生态建设中，大兴区不仅依托其原有的生态资源，更将城市绿化美化纳入城市建设的每一个环节，生态建设是一切发展的根基。

西红门镇位于大兴区北部，1998 年、1999 年连续两年被北京市政府、国务院体改办评为市级、国家级小城镇。这里地处城乡接合部，治理城乡接合部一直以来都是城市建设中的一大难题。西红门认清自身定位，走城乡一体化道路，树立高端引领、创新驱动、绿色发展、管理高效城市建设目标，坚持"产业组团基地、人文生态城镇、和谐宜居社区"的新城定位，努力开创西红门镇和谐社会新局面。

近年来，西红门镇近 10 平方公里的工业大院通过城乡规划优化调整，腾退近 8 平方公里土地用于还原城市绿地，集约利用 2 平方公里土地发展产业。站在西红门老三余村原先的拆迁地块上，白蜡、国槐、银杏、油松……十几种常绿树木在城乡接合部平原造林地块安了"新家"，绿化"几何状、大色块、大绿、大美"成效凸显，一片片新绿整齐排列，组成长条形方阵，横在绿化带中的棵棵小树吐露新芽，大型的森林景观初步显现。据了解，西红门城乡接合部地区平原造林地块新增千亩以上森林景观 12 处，绿色廊道大骨架愈加丰满。西红门通过"以绿挤脏、以绿挤乱、以绿控人"，极大改善了区域综合环境，绿化美化水平明显提高，城乡环境面貌大为改观，为周边居民提供了踏青赏绿、健身休闲、干净整洁的绿色空间。

宜居的生活环境

2015 年，西红门建设了总建筑面积 1 万多平方米的生态体育公园。该体育场馆东侧仅绿地面积就约有 6700 平方米，如此大的草地在区域公园中比较罕见。体育公园绿色层次感十足，贯穿于绿树、水系之间的运动场地也充分体现出公园的运动特质，满足运动、健身、休闲、娱乐等各个群体的不同需求。据介绍，该体育公园在设计时，因地制宜，充分利用地形布置活动场地，建有特色花池景墙、运动雕塑、各种景观及阳光草坪等，让人们运动在园中，体验在园中。

繁华都市上空的"空中花园"

随着城市建设的飞速发展，城市用地日益紧张，如何在有限的城市空间内扩大绿化面积，成为城市建设必须面对和解决的新问题。

走进大兴新城科技大厦 10 楼屋顶，仿佛来到一个生机盎然的小花园。罗汉松、金菊、紫薇、黄金叶……各色花草树木让整个屋顶郁郁葱葱、充满生气。花园里还设置了小走廊、木栈道，配上休闲桌椅、亭台小榭供人小憩。工作累了、身体乏了，在这里闲庭信步，近观花园美景，暖意沁人心脾；俯瞰整座城市的车水马龙，倦意慢慢消散；远望附近屋顶连廊，宛若悬挂繁华都市上方的"空中花园"，令人赏心悦目。科技大厦屋顶绿化项目是大兴区在公共建筑屋顶投资绿化建设的示范工程之一。目前，大兴区共建屋顶绿化"空中花园"33个，绿化规模近1.4万余平方米，涉及8个机关事业单位。通过实施屋顶绿化，大兴区打破了传统的地面绿化形式，实现了向空中立体"要绿化"的转变。屋顶绿化开拓了城市绿化美化的新篇章。这种屋顶绿化的形式不仅大大节约了土地资源和用地成本，还对楼体降温节能，缓解城市热岛效应等有重要作用。无论从给城市增添绿色、美色上来讲，还是从改善大气质量、促进城市环境发展上而言，发展屋顶绿化已然是大势所趋。

和科技大厦的空中花园类似，翡翠城小学的空中花园楼层相对较低，两层高的屋顶种上各种花卉、灌木，圆形、方形，造型错落有致，还设置了休闲桌椅，构成一个美丽小花园，而小花园又连着教学楼和其他小花园。观赏花卉，记录植物特征，欢聚长凳小憩……原来还是灰白水泥地的屋顶，现今已成为孩子们的秘密花园。据了解，屋顶绿化较地面绿化具有较强的技术特点，除要把握常规植物成活技术外，更关键的是防水安全，要求施工前认真勘察屋面，委托有资质的专业公司进行荷载检测和数据分析，请专家评审设计方案，与相关单位沟通协调，针对施工过程中出现的防水层老化、屋面设备较多、女儿墙加高等技术难题，多次会商，逐一攻克，为实施屋顶绿化积累了经验。

"空中花园"的立体化种植模式在空间上改变了绿色生态系统的格局；在形式上实现了建筑与植物的完美结合；在技术上实现了绿化关键技术的突破；在效益上节约了土地资源和用地成本，受到了群众的高度认可和欢迎。截至2015年10月份，大兴区共完成屋顶绿化14051.98平方米，对屋顶既有设备进行景观装饰2067.32平方米，铺装园路3184.73平方米，种植花草植物8799.93平方米，提升了空中立体花园走廊的景观效果，大兴新城空中立体花园走廊初具模型。屋顶绿化通过植物形态及色彩变化，赋予建筑物不同的季相美感，使绿化和建筑有机结合，形成多层次的空中立体花园走廊，成为城市园林建设的新亮点、新突破，更为建设"智慧型生态森林航城"打开创新发展新思路。

第九章 美丽家园

第二节 美丽乡村

宜居宜业的大兴乡村

大兴素有"京南门户""绿海甜园"之称。辽金时期，大兴辖区已经散落着不少村庄。明万历年间，《顺天府志》载，大兴县户口"实在一万五千一百六十三户"。清初，康熙《大兴县志·里舍考》载，全县有 125 个村庄；光绪年间，据《光绪顺天府志》载，大兴共有 258 村。

2005 年年底大兴区辖区总面积 1036 平方公里，辖 14 个镇，527 个行政村，户籍人口 56.2 万人。根据 2006 年大兴区民政局提供的资料，全区共有行政村 526 个，共有乡村户数 11.8 万户。2010 年，市委、市政府提出了城南行动计划，2011 年北京经济技术开发区与大兴区实行行政资源整合，大兴在短短的三年拆迁了 64 个自然村，19200 多户。

为了落实北京市城乡一体化发展的战略任务，让农民接轨城市生活，大兴区实施城乡产业布局、城镇体系建设、城乡公共服务体系建设、城乡社会保障体系建设和城乡生态环境建设等五个统筹，不断推进经济和社会事业的城乡一体化发展。大力发展设施农业、精品农业、籽种农业和观光休闲农业及适合农村特点的各类产业，提升都市型现代农业的水平。按照《中共北京市大兴区委关于加快推进城乡经济社会一体化发展的实施意见》提出的基本目标，到 2020 年，适应一体化发展的城乡产业体系基本形成，产业结构进一步优化，城乡经济实现平稳较快增长。

在城乡一体化进程中，大兴新城按照"一心""六片""三组团"的城市空间结构，着力推动地铁大兴线"两点一线"规划实施。启动大兴新城核心区建设，加强城中村改造，尽快完成大兴新城范围内村庄的拆迁任务。落实大兴新城试验区实施方案，探索更加符合实际的区域开发模式，产业发展机制，重点在土地一级开发、回迁房安置和农民长远利益保障机制建立等方面实现突破、更好地发挥大兴新城在辐射城乡、带动区域发展中的重要作用。大兴新城建设以核心区建设为重点，加快中关村科技园区大兴生物医药基地建设，推动京南物流基地建设，增强新城产业支撑力。加快地铁大兴线建设，引入大容量快速公交系统，实施各级道路新建、改扩建工程，加快水、电、气、热、信息传输基础网络等市政基础设施建设，提升公用设施承载力。

近年来，大兴区适应新形势需要，以统筹城乡发展为突破口，以改善农业和农村生产生活环境为重心，扎实开展以"树立新理念、培育新产业、培养新农民、探索新机制"为主要内容的新农村建设活动，村镇道路改造、农民饮水安全、污水垃圾处理、乡村卫生服务、农业基本条件等方面都发生了翻天覆地的变化，得到了广大人民群众的普遍欢迎和拥护，新农村建设工作走在全市前列。

农村经济结构特色化、多元化。各村不再依靠单一的农业发展经济，而是充分发挥各自优势，倾力打造特色牌，多渠道发展经济，加速第一产业向二、三产业延伸，农村经济得到长足发展。例如，长子营镇的北蒲州营村充分利用区位、交通和资源优势，大力发展都市型农业，实施多种经营，用民俗旅游业带动农业产业快速发展，建成高标准设施大棚 200 多座，并以"观光采摘节"为载体，吸引大批市民前来消费，农产品价值大幅提升，每棚收益 1.5 万元，有效增加了农民收入，农村经济发展较快。

农业产业呈现出科技含量高、带动作用强的特点。现代农业均以高科技为突破口，并借助信息手段加速农业生产升级增效，实现了由传统、粗放、经验型向智能、精准、数字化方向的转变，有效提高了农业生产力的水平。例如，采育

农村公路绿化带

镇鲜切花基地以数字农业力促农民增收，投资80多万元配置了国内先进的"温室娃娃"和电子控温系统，对棚内温度、湿度和土壤水分实施自动控制，实现了农业数字化、科技化，当地农民亲切地称其为"小管家"。更重要的是，基地生产的鲜花全部出口日本等国，每棚可实现收益10万元（纯收入5万元），并成为精准农业推广的示范基地，广大农村发生了由表及里的深刻变化。

如今，大兴境内的农村环境优美，道路整洁，并配套实施了太阳能路灯，家家装有太阳能供热系统，村级卫生室一村辐射四村，环境干净卫生，价格规范合理，工作人员实行乡镇卫生院统管。村村设有高标准超市，商品统一配货，村民们真正感受到"价格动心、质量放心、服务称心、购物舒心"。公益区建设整齐划一，设施齐全成为其区县学习借鉴的样板。

大兴区榆垡镇西黄垡村投资120万元建起了标准高、设施全的文化大院和农民俱乐部，图书室、娱乐室等设施一应俱全，群众乐意进去，并能够学到东西，有利于转变观念、实现致富。在市、区两级投资建成的"数字家园"里，定期聘请专业老师给群众培训授课，广大村民对电脑和网络知识产生浓厚兴趣，1/3以上的家庭购买了电脑，大部分村民可通过网络查询信息、参与生产，实现了产品供销网络化，成为全市信息化试点样板村。村里还成立了秧歌队、小车会、戏曲队等6支专业队伍，村中的20多名文艺骨干自编自演小品、山东快书、京东大鼓、京剧、评剧等节目，丰富了干群的业余文化生活，也团结凝聚了人心。如今农闲时节赌博等歪风没了，邻里关系更加和谐，该村连续三年被评为"全国文明村"，并荣获全国和北京市"民主法制示范村"等称号。

村落是京郊大兴的一道风景，它们经历了中国历史的风云变迁，尽显了人与自然和谐相处的智慧，是人类辛勤劳动的结晶。诞生于农耕时代的《园冶》这样描述："悠悠烟水，澹澹云山；泛泛渔舟，闲闲鸥鸟。"这青山绿水、小桥流水、桑麻绕村的美丽的田园风光实在令现代人所向往。然而，随着现代化的推进，部分村落逐渐淡出了人们的视野，城市的商业化和现代感取代了乡村的质朴，不同程度上破坏了传统乡村的文化景观，使经过几代人传承下来的古村落文化消失在历史的长河中。许多专家纷纷提出，保护现有传统村落已是当前文化抢救工作的重中之重，我们必须把传统乡村的保护提高到一个相当重要的位置上来。党的十八大提出："必须树立尊重自然、顺应自然、保护自然的生态文明理念，把生态文明建设放在突出地位，融入经济建设、政治建设、文化建设、社会建设的各方面，努力建设美丽中国，实现中华民族永续发展。"这是一项战略任务，这标志着中国的发展进入了一个新的阶段。

❧ 美丽农村，美好生活 ❧

习近平总书记在 2013 年的中央城镇化工作会议上指出，城镇化要融入现代元素，更要保护和弘扬优秀传统文化，要让居民望得见山、看得见水，记得住乡愁。乡愁是一种眷恋家乡的情感状态，是远离故乡的游子对故土的思念、对家乡的感情。乡愁也是故乡记忆的片断，可以是一碗水、一杯酒，或者是一朵云，它是人们对故乡一生都不曾割舍的情愫。记住乡愁，就是要记住本来，延续根脉，传承几千年来深藏于我们文化基因中的家风祖训、传统美德和家国情怀。

为贯彻落实习近平总书记在北京考察时的重要讲话精神和全国改善农村人居环境工作会议要求，推进北京国际一流的和谐宜居之都建设，在近年来深入推进新农村建设的基础上，北京市从 2014 年开始实施"提升农村人居环境，推进美丽乡村建设"工作。大兴区委区政府认真贯彻落实北京市委市政府的工作部署，大力开展此项工作，由区农委牵头，会同各有关单位、各镇街具体落实实施。2015年 3 月 16 日北京市大兴区人民政府办公室印发关于《大兴区提升农村人居环境推进美丽乡村建设的实施意见（2015—2020）》的通知。在具体做法上为通过推进农村地区"减煤换煤"，落实清洁空气行动计划；开展新一轮农村电网改造，提高农村供电能力和保障水平；实施农宅抗震节能改造，实现农民居住舒适安全等十个方面进行重点突破。在 2014 年全区建设 64 个美丽乡村的基础上，从 2015 年开始，全区每年以 60~70 个村、各镇每年以不低于现有村庄 15％的比例推进美丽乡村建设，每年建成一批"北京美丽乡村"；继续开展"寻找北京最美的乡村"活动，加强宣传示范，进一步提升美丽乡村建设水平。通过整治、建设与发展，力争到 2020 年将全区农村基本建成田园美、村庄美、生活美、人文美的美丽乡村，使农村成为农民和谐宜居的幸福家园和致富增收的就业田园，成为市民向往的休闲乐园。

党的十八大以来，习近平总书记就建设美丽乡村、加强农村精神文明建设，提出了一系列富有创见的新思想、新观点、新要求。强调中国要美，农村必须美，美丽中国要靠美丽乡村打基础，要继续推进社会主义新农村建设，为农民建设幸福家园。强调新农村建设一定要走符合农村的建设路子，注意乡土味道，体现农村特点，记得住乡愁，留得住绿水青山。强调乡村文明是中华民族文明史的主体，村庄是乡村文明的载体，耕读文明是我们的软实力，要保留乡村风貌，坚持传承文化。强调搞新农村建设要注意生态环境保护，因地制宜搞好农村人居环境综合整治，尽快改变农村脏乱差状况，给农民一个干净整洁的生活环境。习近平总书记的这些重要论述，饱含对农村和农民的深情，不仅为建设美丽乡村、美丽中国指明了方向，也为以美丽乡村建设为主题深化农村精神文明建设提供了基本的可循之道。

在"十三五"建设中，大兴区将深入贯彻习近平总书记系列重要讲话精神，认真落实市委、市政府决策部署，坚持"四个全面"战略布局，牢固树立创新、协调、绿色、开放、共享的发展理念，深化改革先行区"五区定位"，着力提升基础设施、城乡建设、绿色集约、公共服务、社会治理"五个水平"，着力抓好服务新机场、建设新航城、做强开发区、打造"一河一路"、改造城乡接合部"五件大事"，统筹推进经济建设、政治建设、文化建设、社会建设、生态文明建设，

优美的农村居住环境

高水平建设三座新城，增强大兴新城综合服务功能，提高亦庄新城产城融合质量，推动新航城高标准集约建设。以建成"田园美、村庄美、生活美、人文美"的美丽乡村为目标，加大强农惠农富农政策力度，完善基础设施和公共服务水平，使农村成为农民和谐宜居的幸福家园。

第三节　最美乡村，耀亮京郊

蛙鼓蝉鸣，秋虫萤火；牧童柳笛，村姑雨巷；小桥流水人家，枯藤老树昏鸦……这些美好难忘的乡村景象，曾经温暖了一代又一代人的精神世界，让多少故园游子魂牵梦萦。我们从乡村走来，乡村承载着丰厚的人文内涵，凝聚着离乡游子美好的回忆。随着新型城镇化、工业化的快速发展，加强传统村落保护与发展刻不容缓。党的十八届五中全会提出了创新、协调、绿色、开放、共享的五大发展理念。明确提出我们不应单纯追求经济的增长速度，而要把发展重点放在提高质量、促进公平之上。一方面，要注重"人"的发展，更加注重缩小城乡差距、收入差距、公共服务差距；另一方面，要在发展中更加珍视历史传承，延续我们共同的文化脉络。

为此，2006 年由北京市委农工委、市农委、市旅游委、首都文明办、市文化局、市园林绿化局共同主办了寻找北京最美乡村评选活动。活动紧紧围绕展示新农村建设成果、促进城乡交流互动、引导社会力量参与的基本目标，以"共建美丽乡村、共享美好生活"的主题，将"生产发展、生活宽裕、乡风文明、村容整洁、管理民主"形象化为易记易传的"生产美、生活美、环境美、人文美"，并细化为 12 项具体标准，对各区县推荐的候选村庄集中宣传报道、以多种形式评选，活动在 2006—2010 年每年举办一届，每届评选出 10 个"北京最美的乡村"；从 2011 年起改为每两年举办一届，每届评选出 20 个"北京最美的乡村"。截至目前，活动已经顺利开展了 9 年 7 届，逐步成长为全市知名并在全国具有一定影响力的品牌活动。累计有 93 个村庄被社会各界综合评选为"北京最美乡村"。

大兴区作为首都最近的景区，历史悠久，底蕴深厚，风景秀丽，500 余个村庄如满天的繁星，放射出熠熠的光彩，在北京最美丽乡村评选中，先后有 8 个村入选，这些入选村庄是近年来大兴新农村建设的缩影，如同一颗颗明星耀亮于京郊大地。下面就让我们走进这些村庄，领略一下美丽无限的田园风光。

"中国生态农业第一村"留民营村

留民营村地处北京大兴东南长子营镇境内，全村土地面积 2192 亩，260 户，人口近 900 人，是我国最早实施生态农业建设和研究的试点，被誉为"中国生态农业第一村"。

这里风景宜人，空气清新，湿度相对较大，夏无酷暑，冬无严寒，阳光充足，适合植被生长。1987 年 6 月 5 日世界环境日这一天，联合国环境规划署将首批"全球环境保护 500 佳"的殊荣，授予了中国的一个小乡村。留民营——这个名不见经传的小村，一跃成为世界生态农业新村的典范，并引起了全世界的关注。如今，留民营村开展农业观光已有 20 年的历史，吸引了世界 138 个国家和地区的游

留民营生态农场大景

客，成为著名的中国生态农业第一村。

从 1982 年起，留民营村就在北京市环保所科研人员指导下规划和开展生态农业实验。同时与农林科学院专家共同制定和实施了生态村农用林建设规划。形成了以沼气为中心，串联农、林、牧、副、渔的生态系统及种、养、加、产、供、销一条龙的生产体系。2004 年 10 月 12 日，时任联合国秘书长科菲·安南参观后给予高度评价。2006 年留民营在荷兰阿姆斯特丹捧回了仅有的"世界有机种植者"大奖。村内绿化覆盖率达到 35% 以上。26 户民俗旅游接待户庭院形成一户一特色，主干道两侧墙体被美化成不同的风格，形成一段一景，有乡土民俗画、民间剪纸手工图、卡通图、历史人文展示等，使宾客有赏心悦目之感。

该村的"千人饺子宴"起于 1980 年，至今已经有 37 年的历史。当时的留民营靠生态农业集体致富，在党支部的带领下，胜利完成第二个五年规划，受到上级领导的嘉奖，并给村干部发放了一部分奖金。为了使村民过一个安乐祥和的春节，也为了牢记集体致富的历史，党支部决定用这笔奖金酬谢全体村民，在大年三十的中午，全体村民一起吃饺子，过大年。从此，留民营便有了全村千余人于大年三十这一天欢聚一堂、吃饺子过大年的传统。

近年来，留民营先后荣获了"国际生态安全和谐美村（镇）100 强""全国模范村民委员会""全国绿化美化千佳村""北京市模范集体""全国科普惠农兴村先进单位""全国农业旅游示范点""首都绿色村庄""中国绿色村庄""全国创建文明村镇工作先进村镇"等光荣称号，两次荣获"北京最美乡村"提名奖。

如今的留民营以生态农业为根本，以"生态游、民俗游、有机食品"为最大特色，努力打造人与自然和谐共处的良好人文环境，走进留民营可以让游客享受清新自然、远离污染、益于健康的高品质生活。种植、养殖、采摘、垂钓、住宿、农业观光……在这里你都可以享受到。

留民营，北京最美的乡村，农村人的都市，都市人的乐园，这里召唤你来享受现代绿色生活，呼吸清新空气，享受亮丽美景。

第九章　美丽家园

❧ 满族风情巴园子村 ❧

　　巴园子村位于北臧村镇中部，北邻大兴新城和中关村科技园生物医药产业基地，是一个满族文化村。该村面积达 1325.4 亩，耕地面积为 409 亩。全村共有 72 户计 227 人。2008 年，该村农民人均纯收入 1.1 万元，旅游总收入 356 万。

　　该村姓巴的村民占绝大多数，满族，镶黄旗后代。村内保存有"巴氏宗之谱系"，历史文化悠久。该村依托满族历史文化底蕴，挖掘满族建筑、宗教、民俗等文化内涵，综合考虑满族八旗制、萨满教信仰、语言文字和服装文化特色，以其中最具吸引力的满族民居建筑文化为核心，完成满族风格文化大院、文化长廊等改造项目，努力打造"京南文化明珠"。该村文化大院设图书馆、书画馆、满族文化演艺厅、民族文化丛书编辑部及书画展览室等，供村民及游人活动。文化长廊全长 226 米，两侧设置文化展板，内容是满族风俗、民俗介绍、中华杰出人物介绍等。村内还建设了文化墙等。

　　该村党支部大胆推广科技项目和优良品种，依靠农业科技种植西甜瓜和蔬菜，增加农民收入，走出了一条"科技兴村"的新路。为了加快农产品市场化推广，

巴园子村

该村成立了"绿色科技种植产销协会",主要以西甜瓜、蔬菜等农副产品种植、销售为主,统一经营"永定河"和"巴特农"两个品牌。协会现有会员 200 余名,辐射周边 5 个自然村,带动农户 160 余个,年销售西甜瓜 80 万公斤、蔬菜 30 万公斤、其他农副产品 70 万公斤,会员户均增收 1500 元。

巴园子村以特色种植和观光采摘旅游为主导,兴建了 232 个钢架大棚,形成观光采摘大棚规模化管理运营,农产品种类涉及西甜瓜、蔬菜、樱桃、草莓、枣、杏等,能够满足无公害精品蔬果的四季供应。同时,为配合旅游采摘,建造供游人观赏休息的场所,村内新建 6 个"花蹊竹韵"竹亭,寓意"曲径通幽"。各竹亭既各自独立,又相互联系,与绿化树木浑然一体,突出了满族文化特色。村集体还投资 50 万元对民俗户进行培训,全面提升了民俗接待水平。巴园子村现有民俗旅游接待户 38 个,形成了采摘娱乐、吃农家饭、住农家院一条龙的现代化旅游观光村,并特别推出了"满族八碟八碗"特色饭菜。目前,村内已形成旅游、观光、接待、餐饮、住宿为一体的旅游产业链。

昔日"皇庄"西黄垡村

大兴区榆垡镇西黄垡村位于风景秀丽的京南第一镇榆垡镇的最北端,106 国道西侧,东临京开高速路,中部天堂河穿村而过。

西黄垡村历史悠久,至少可追溯至明朝初年。 明朝时期,朝廷在这里建立官仓,使用水能春米,以供宫廷食用。同时明朝内廷的乐官也被安置于此,以安度晚年,这些老乐人也将宫廷乐谱带出,并在民间相传相授。西黄垡村的"垡",有耕田翻土之意。这一带曾是古浑河(永定河)故道,历史上多有河洪泛滥,泥沙淤积,大片胶泥土分布期间,又随着自然变迁,土地多盐碱化。土地开垦时,翻起大的土块,人们称之为"垡块""垡头"。村庄以垡命名,正有开垦土地之意。

这里远离喧哗的闹市,环境优美,空气清新,民风淳朴,整个村子被 1600 多亩的林木环抱着,天堂河在村中缓缓流过,河岸的大树与环村林木首尾相接,仿佛祥龙降临,一派静逸安详。

全村现有农户 302 户，共 1050 口人，总面积 2700 亩，其中耕地 2500 亩。以蔬菜、西甜瓜、苗木、花卉为主业。现有民俗旅游接待户 35 个，建起了 1000 多个大棚，使四季都有新鲜的瓜果蔬菜，供游客观光采摘。近年来，村民的生活水平蒸蒸日上，2009 年该村人均年收入为 16800 元。

西黄垡村远离喧哗的闹市，四季风光别有一番景致。春天，柳枝泛绿，河水潺潺，彰显万物的活力；夏日，杨柳依依，蝉鸣声声，绽放生命的激情；秋日，落叶纷飞，硕果累累，展示丰收的喜悦；冬日，银装素裹，冰封河水，实乃拍摄佳景。此外，村内道路宽敞整洁，两旁绿树环绕，指引着游客通向观光园、仿古别墅区。

设施农业是西黄垡村的主导产业。该村利用人才资源和地理位置的优势，高度重视农业科技的应用，大力发展设施农业，先后建立了 1000 多个温室大棚，种植高产、优质的绿色有机农产品，包括西瓜、甜瓜以及各种新鲜蔬菜。

西黄垡村人不仅种地是好手，学起新知识来也毫不含糊。2005 年，西黄垡村村委会开设一间数字家园教室，购置了 20 台电脑，大兴区政府出资安置了宽带。接着请专人给农民进行电脑知识培训，一圈下来，结满老茧的大手开始敲打键盘。"真没想到，网上卖菜、卖瓜、卖花卖得那么好。"以往还要为市场发愁的人民的眉眼舒展开了，鼠标一点，远的近的商户就都来了，"房门不用出，啥都不愁卖"，"啥都能卖个好价钱"。尝到了网络甜头的西黄垡人又在网上发帖子、发信息，招徕着一批又一批希望体验农村生活的观光客。民俗旅游也红红火火地开展起来了，如今民俗旅游业也成为该村特色之一。目前，该村民俗旅游接待户有 35 个，集观光旅游、采摘、农家饭、农家乐于一体，形成民俗旅游一条龙服务，每年到村里观光采摘的有 7000 多人次。

收入增加了，村民的文化生活也更丰富了。西黄垡村先后投资 120 万元建起了图书阅览室、老年活动室、农民俱乐部。村里还建起了全市第一个文化大院，添置了各种活动设施，工作之余人们都会到这来参加活动。

经济发展了，风气正了。村党支部连续十一年被评为区级"先进基层党组织"，连续六年被评为"首都文明村"，连续三年被评为"全国文明村"，并荣获全国和北京市民主法制示范村等称号。2007 年西黄垡村被评为"北京市最美乡村"。

❀ 永定河畔梨花村 ❀

"忽如一夜春风来，千树万树梨花开"，这场面是何其壮哉，这不是凛冽寒风中的飞雪，这是暖暖春风中的梨花。阳春三月，风和日丽，万亩梨花盛开，春雪香花，花山花海花世界，玉天玉地玉乾坤。置身其中，您一定觉得自己变成了得道的仙人，置身于云雾缥缈的仙境。这不是仙境，这是如诗如画的梨花村。

梨花村位于北京西南郊永定河东岸，原名南庄村，1981年村庄普查时改名为梨花村。该村总耕地面积5000亩，其中百年以上老果树3500亩，现有新老果树10余万株。梨花村有330户，960口人，家家户户以果树为生，每年产果品在300万斤以上，是北京市唯一的果树专业村。庞各庄镇万亩梨园是北京面积最大、开花最早、品种最多的古梨树群落，中心区就位于梨花村，保存百年以上的古梨树有3万棵，为全国罕见的平原古梨林群落。该村有梨林40余个品种，其中树龄已有417岁的贡梨树被皇帝御封为"金把黄"。倚仗这万亩梨园和这贡果的名号，梨花村在1994年开始办起了第一届赏花会、采摘节，万亩梨花竞相争艳，美不胜收，吸引来自各地的游人。至今，赏花节已经举办了23个年头，梨花村的知名度也逐渐提高。在两节的开办下，村中的百姓开始搞起了民俗接待。近几年来，梨花村累计投资1000多万元用于乡村旅游的各项设施建设。目前该村已经建设为旅游设施设备完好，服务功能齐全的市级旅游接待村，曾被北京市评为"京郊发展乡村旅游先进村"。梨花村有着丰厚的文化底蕴，村内文化人、能工巧匠也是层出不穷。村民寇殿荣，喜好写

梨花村

作，在诗词歌赋方面颇有造诣，曾以该村的历史、文化为题材，先后出版了《梨乡传说》《梨花村村史三字经》等多部书籍，深受村民好评。

近两年来，随着梨花村新农村建设的不断深入发展，村内各种文化设施一应俱全，村中央健身广场内安装了各种健身器材，广场中心还搭建了梨园剧场，闲暇时间，村民一方面可以在此集中锻炼身体，另一方面还可以走上小剧场，在街坊邻居中展示才艺。另外，梨园小剧场经常有各种文艺团体的文艺会演，吸引着村里及周围几个村的百姓。文化大院内数字家园也逐渐成为群众聚集的另一业余文化阵地，村民在此上网查询科技、就业等信息，在数字影厅里观看最新上映的大片。农民在丰富多彩的业余文化生活中享受到新农村新生活的乐趣、领略到科技发展的魅力，成为与时代发展相适应的新农民。

🌿 中轴路旁张家场 🌿

张家场村是魏善庄镇域规划中的中心村，位于庞安路南侧，磁大路东侧，西有京开高速路，京九铁路，南与礼贤镇相连，北有通黄高速路，紧连京津塘高速路，交通十分便利。风景优美的星明湖度假村和绿茵别墅区坐落在村域内，新建的国家新媒体产业基地与之毗邻。

张家场村现有住户 134 户，人口 410 人。2010 年农民人均纯收入 14000 元。村域规划用地 162.86 公顷，农林种植地 112.25 公顷。村内给水、污水、燃气工程全部完成，2007 年 10 月已投入使用。该村以设施蔬菜生产、精品梨种植为主导产业，大力推广科技项目和优良品种，依靠科技种植增加农民收入。长期以来，主要生产温室蔬菜（西红柿、芹菜等）、西瓜、梨及各种菌类，其中温室大棚 60 个，钢架大棚 60 余亩，梨树种植面积 200 余亩。张家场村坚持以增加设施农业、提高农民收入为切入点，通过几年来的建设，达到户均一栋棚，为发展生态旅游奠定了基础。2010 年，村旅游收入达到 30 多万元。

村内实行"田字格"式管理模式，招聘管理人员实施分片到户管理。不定期召开党员会、村民代表大会，认真听取群众意见。干群关系融洽，民风淳朴，社会稳定，被评为"首都文明村""北京市敬老先进村""文明生态示范村""大兴区平安村"和"五好村党支部"等荣誉称号。

❄ 求贤若渴求贤村 ❄

求贤村位于风景秀丽、历史悠久的京南第一镇——榆垡镇西南部，东临新京开高速公路求贤出入口、榆垡镇经济技术开发区，南临永定河绿色生态产业带，北临芦求路，距离镇政府仅 1 公里，交通便利，区位优势明显。村庄占地面积 1000 亩，耕地面积 4800 亩，现有 582 户村民，以种植业为主，2000 口人中农业人口占 1642 人，建有蔬菜冷棚 1000 座，钢架日光温室暖棚 130 座，这一座座依村而建、配备齐全、质量过硬的蔬果大棚，不但为村民提供了致富出路，还成了一道新农村建设亮丽的风景线。

多年来，求贤村党支部书记与村委班子一起深入一线带领全体村民进行新农村建设，投资 2000 多万元，发展设施农业、成立合作社，实现产供销一体化、村内基础设施、绿化美化进一步完善。实施社区化管理。经过多年的建设，目前求贤村花草绿树环绕，呈现出和谐、宜居、宜业的新风貌。2010 年 6 月，中组部部长李源潮、北京市委书记刘淇到该村开展调研，对求贤村村庄建设、党建工作、经济建设等方面给予指导与鼓励，激励求贤村继续加大新农村建设力度。

求贤村先后荣获"首都文明村""北京市优秀文化活动乡村""北京市市级生态文明村""北京市先进村委会""北京市五个好党支部""北京市法治文明宣传教育示范村""北京市健康促进示范村"等称号。

求贤村主导产业为设施农业。拥有蔬菜冷棚 1000 个，2010 年，村党支部新建 98 座钢架温室，共有钢架日光温室暖棚 130 个。大棚蔬果种植以西红柿、黄瓜、茄子、豆角、西瓜、甜瓜为主，并辅以花卉栽培。此外，求贤村还发展以梨、杏、油桃为主要特色的林果种植。为了引领村民致富，积累种植经验，求贤村建立了番茄、豆角、黄瓜、芹菜等为主要品种的无公害农业生产示范基地。形成了以油桃、时令蔬菜等为主导产业，田间收购、网络销售、订单农业种植等多种形式的农业生产、销售体系。近两年，该村充分利用设施农业，建起了大棚观光长廊和特色采摘园，兴起了民俗旅游和观光采摘业。2010年每个大棚最高收入达到6万余元，成为名副其实的设施农业专业村。2010年全村人均纯收入达到1.52万元。

2010年，求贤村共有8个家庭被评为镇级文明家庭，28户被评为文化示范户。

❧ 民俗新村东辛屯村 ❧

青云店是京郊名镇，北距首都永定门仅25公里，交通便利，历史上就是从南方进京须逗留住宿的最后一站。"青云店"之名，就传说是出自于进京前最后住宿这里、后来又高中了状元的南来举子。这里的土地宽广肥沃，农产品丰富，不仅玉米和小麦品质优良、口感上佳，而且夏秋瓜果飘香，非同一般。这里的饮食文化积淀尤其深厚，手擀面、手工馒头、"三八"席、扣饼在北京郊区独具特色，尤其是东辛屯的"老娘们"手擀面在京南至今独领风骚。

东辛屯民俗旅游文化村位于北京市大兴区青云店镇，西怡历史悠久的青云大集、104国道，东临大回城果桑园，北部与北京亦庄经济技术开发区接壤，距北京中心城区仅25公里，交通便利。

东辛屯民俗文化村成立于2012年4月，接待项目有特色手擀面、地道农家菜品、民俗文化活动、垂钓、农产品及民间手工艺品展销等。受温带季风气候影响，东辛屯村四季分明：春季干旱多风；夏季雨水充足，花木旺盛；秋季天高气爽；冬季寒冷，日照充足。年降水量在300~900毫米之间，土壤相对湿度达60%以上。夏季高温多雨农作物生长需要大量水分，冬季农作物休眠，寒冷有利于土壤保存肥力。独特的气候条件对冬小麦、玉米等农作物生长十分有利。东辛屯村的"老娘们"手擀

东辛屯村民俗婚礼

面已成为一个特色品牌。手擀面精选当地盛产的优质小麦面粉，凉水和面，加上些许食盐，擀出的面条软硬适中，也更加筋道。东辛屯村的手擀面吸引了越来越多的食客前来品尝，很多食客表示，那熟悉的味道，唤起了不少人对童年和母亲的回忆。手擀面兴盛于清雍正年间，曾是雍正皇帝最喜爱的美食，距今已经有几百年的历史。在这里，家家户户均会擀得一手好面。民俗村周边建有多栋日光温室，且植被覆盖率高，空气清新。考虑到东辛屯村得天独厚的区位优势，2012年在青云店镇党委政府"一村一品"的政策引导下，将东辛屯村由单一的农业种植村打造成集休闲、餐饮、垂钓、观光、住宿为一体的民俗文化村。该民俗村由村委会统一实行标准化管理，全部传承了农家习俗，村民民俗烹制炖菜，兼农村妇女亲自制作手擀面，配有"八卤八码"。且食材均源于该村村民自产无公害蔬菜，石磨面及农民自榨花生油等。经过一年多的探索经营，东辛屯民俗村现已初具规模，拥有民俗接待户16户，可同时接待游客近千人，通过发展旅游带动了100余名农村40、50岁人员的就业问题。从业村民经过统一培训管理，将服务与配套设施及餐饮卫生规范化。目前，经营模式已逐步走上正轨，慕名而来的游客络绎不绝，各民俗户每天的游客接待量均达到30人以上，从业人员人均年收入达到4万元，是当地农民年收入的2倍之多。大幅度地带动就业，促进农民增收。

东辛屯，一个普普通通的小村，在全村干部党员群众的共同努力下，闯出了一条依托旅游餐饮经济增速的新路子，逐步与青云店大集、孝义营"孝心馒头"、西孝路都市农业产业示范大道、大东农业园连为一体，形成了青云店镇"文化旅游之镇"的发展新格局。

绿荫环抱朱庄村

朱庄村地处长子营镇马朱路东侧，南拥万亩次生林，北有蓝莓采摘园。这里生态环境优美，古梨树环绕村庄，绿荫环抱，花草葱茏，凤河沿村南流淌而过。休闲公园、玉文化园、观光长廊、花卉大道以及十余家别具特色的农家院构筑了朱庄文化旅游村，是北京最美丽的乡村之一。

全村区域面积 4200 亩，其中种植梨树、桃树、枣树等 1950 亩。全村现有 463 户村民，近 1200 人，村内人口主要从事第一产业。

为了加快无公害蔬菜的市场化推广，村委会成立了"北京市惠民长丰农业专业合作社"，并获得北京市林业局颁发的"无公害农产品产地认定书"。村内建成暖棚 212 个，钢架棚 286 个，占地面积 1060 亩，随着朱庄村的进一步发展，生态旅游成为村内的经济增长点，在村内建立冬枣采摘园、蓝莓采摘园、草莓采摘、精品桃、传统贡梨采摘园等大量吸引各地游客来村内采摘，带动村内经济的增长，同时开展就业和创业讲座，提升失地村民的就业率。在乡村建设中，朱庄村投资建设村内公园及旅游接待处，形成集旅游、观光、接待、餐饮、住宿为一体的旅游产业链。村内现有民俗旅游接待户 12 户，集采摘娱乐、吃农家饭、住农家院为一体。不仅丰富了村民休闲娱乐氛围，同时吸引各地区游客前来观光，进一步增加了村民收入。

朱庄村以农民群众为主体，以改善居住环境为突破口，发展生态型农业，建立生态型村庄，保证经济的可持续发展。近几年，荣获"北京市先进村民委员会""北京市敬老爱老为老服务先进单位""北京市健康促进示范村""大兴区社区建设典型示范社区"等荣誉称号。

朱庄村

拾

第十章

多彩大兴

　　今天的大兴，既是北京充满朝气、蓬勃发展的经济前沿，也是一座五彩斑斓的花园，还是一片分布着多个林场的绿色氧吧。一个宜居宜业的美丽大兴，正以充满着勃勃生机的面貌展现在世人面前。

第一节　休闲生活

春季的赏花节，夏季的西瓜节、桑葚节、葡萄节，秋季的"春华秋实"采摘节，冬季的草莓节，每一次节庆活动的举办都是具有地方特色的旅游推介新亮点，都是大兴休闲农业发展的良好契机。通过优化各种自然资源与社会资源，将休闲农业与农产品流通有机结合，拉近了城乡距离，推动了休闲农业与乡村旅游的发展。

走进位于长子营镇的北京呀路古热带植物园，一个个鲜艳的火龙果挂在植被上，火红的果皮镶嵌着黄绿相间的鳞状花萼，甚是好看。植物园休闲农业采摘节让游客们在采摘新鲜热带水果的同时还能欣赏热带风光。呀路古热带植物园运用美学与管理经验，成功将一个单一经营模式的生产种植园即"南果北种"示范园转型为休闲农业观光园。这里有热带果树、热带药用植物及热带濒危植物和蔬菜作物等300多种，并不断从国外引进新品种，是目前全市热带、亚热带物种最全最大的观光厅。休闲农业的发展是大兴农业在不断发展中的又一个新突破。

大兴旅游继续坚持"为民、为农、为生活"理念，以"健康、休闲、养生"为目标，努力提升全区休闲旅游的综合实力。

呀路古热带植物园

从传统农业向都市型现代农业转变，农业留给大兴的是一望无际的绿和沁人心脾的甜。过去大兴的农业，盛产果菜，但功能单一。而现在，大兴农业已经跳出了简单的生产功能，正在拓展更高一级的生态和生活功能，正在"绿海甜园"中创造新的现代都市发展空间。

休闲体育活动

"绿海"成就了生态大兴。大兴被 3.1 万公顷绿树、4 万公顷绿色农田和 700 公顷城市绿地覆盖着。10 万亩"大兴西瓜"已成为北京人购买的首选；5 万亩精品梨品质、科技含量均居国内前列；3 万亩各色葡萄享誉京城……传统的农业生产为大兴造就了 30 万亩的果园，57 万亩的农田，占全区面积的 56%。一望无际的绿海包裹着大兴新城，其创造的生态价值要比自身经济价值高出几倍、几十倍。

"甜园"营造着闲适的生活。"五一"长假，大兴区庞各庄镇的红薯大棚里随处可见忙碌的身影。拿着镐头、铁锹刨地的可不是当地农民，来的都是城里人。传统的采摘已经不过瘾，挥着锄头，汗湿衣衫，城市居民在农活体验中找到了乐趣，劳作之后，坐在树荫下，闻着悠悠果香，听着咕咕鸡鸣，看袅袅炊烟升起，吃顿香喷喷的农家饭，老玉米、烤红薯、铁锅炖柴鸡……仿佛置身乡间小宅，其乐无穷，体验农业渐成时尚。

体验"梨文化"就去梨花村。在 400 多岁的贡梨树下喝茶、赏花、遛狗、听故事……体验真正的田园乐趣；游梨园、观盆景、赏梨花、沁花馨、感受梨文化的熏陶，陶冶性情；还可以认养几棵梨树，从冬季剪枝、春天开花疏果，一直到秋天结果采摘，享受全程的体验。享受农耕乐趣最好就在留民营村，村里景色优雅而朴实，颇具农耕文化底蕴。你可以自主选择田地进行认种，借以体验农事劳作，享受收获的喜悦，过把"天仙配"的瘾。累了，还可以就地取材，品尝自己耕种的绿色食品。

大兴充分运用自身的条件和特色，对农田进行"精雕细琢"，赋予它文化内涵和生态价值，使其成为市民休憩的家园。市民来大兴不仅能观光、采摘，更能体验田园文化的意境。

在果园四周扎上竹篱笆，门前立起竹牌楼，两侧挂上红灯笼，犹如都市中的庭院，花的钱虽然不多，却渗透出"倚杖柴门外，临风听暮蝉"的意境。在采育万亩葡萄园，铁艺制成的围墙就像是五线谱，上面的装饰犹如一个个跳动的音符，构成了别具一格的李斯特钢琴曲谱。穿过葡萄长廊，登上酒桶式观光台，和着月色享受"葡萄美酒夜光杯"的美妙感觉。全区仅以休闲体验为主题的精品旅游线路就数不胜数。装在玻璃球里生长的精美西瓜、玉米叶做成的花饰、麦秸秆制作的风景画……大兴区还将文化创意与农产品巧妙结合，把创意元素融入农产品，转化成特色旅游商品，让第一产业就地向第三产业转移，提高农业附加值。大兴站在城乡统筹的基点上谋划农业发展，传统农业是农民摘果卖给城里人，而都市型农业正在把大兴多年积累的"绿甜"资源赋予生态价值、文化内涵，把大兴以外的人引进来，使之成为吸引商贾，展示形象的金色"名片"。这种发展理念的转变，赋予了大兴农业新的生机和活力。

除此之外，大兴深入挖潜各个景点的优势，打造和经营了一批区域旅游品牌。在庞各庄镇万亩"绿海"中的龙熙顺景温泉度假酒店，把加州阳光风情搬到大兴，29个不同的药浴汤池组成了通透灿烂的水世界；8栋独体别墅，功能各异，尽显雍容典雅；阳光、海岸、沙滩排球，构成纯加州热带风情，配上清清的湖面，给人以无限的遐想空间。在这里享受五星级酒店全程细致的服务，这种休闲的度假方式，与现代都市人的生活方式相契合。

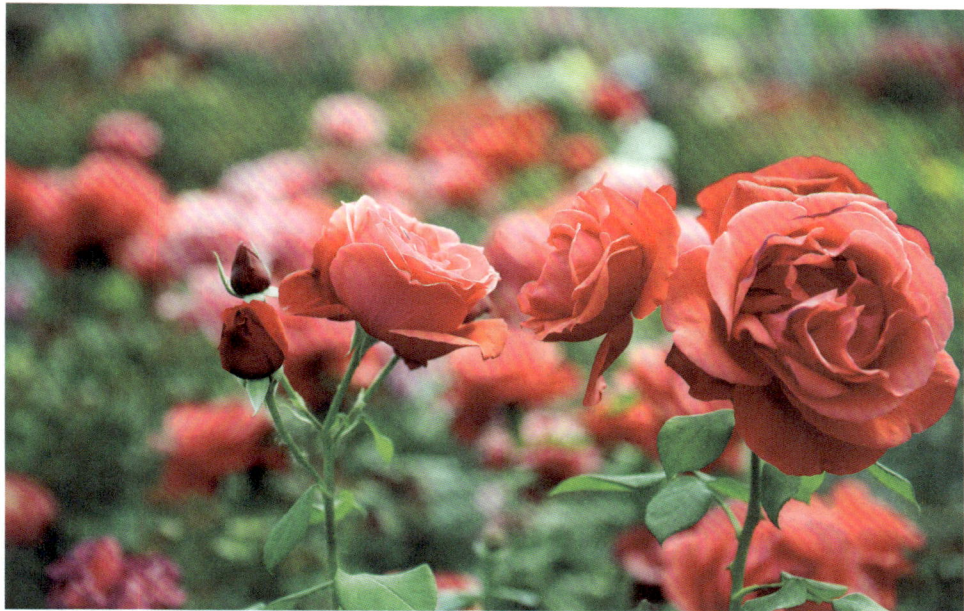

月季花

第二节　花海世界

🌿 月季之旅 🌿

　　当古典遇上现代，当东方的典雅遇上西方的浪漫，不论玫瑰还是月季，在历史的长河中，他们沉淀了太多的文化与内涵。今天，象征着幸福、和平的月季重返故土，演绎月季世界的同时，展现了北京大兴的美好家园。这一片京南绿土在月季的映衬下更显壮美。

　　在希腊神话中，爱神阿佛洛狄忒为了寻找她的情人阿多尼斯，奔跑在玫瑰花丛中，玫瑰刺破了她的手，刺破了她的腿，鲜血滴在玫瑰的花瓣上，玫瑰瞬间变成了红色，红玫瑰也因此成了坚贞爱情的象征。同时，也让玫瑰表达爱情的方式充溢着些许西式的浪漫，甚至在我国，提到玫瑰，很多人都认为是西方的"舶来品"，却不知这玫瑰的生命里也流淌着一半中国月季的血液。18世纪，我国广州芳村花地苗圃出口了中国朱红、中国粉、香水月季、中国黄色月季4个古老月季品种到欧洲。正是这些品种，给西方通常一年只开一两次花的玫瑰注入了连续开花的基因，使西方园艺家历经百年的努力后终于培育出了色香俱佳的"现代玫瑰"品种。因此，如果说玫瑰的爱情寓意是源自于西方神话，那让这份爱"花开四季"的基因便是来自我国最古老的月季。

月季被誉为"花中皇后"，又称"月月红"，蔷薇科，四季开花，一般为红色或粉色，可作为观赏植物，也可作为药用植物。中国是月季原产地之一，月季也陪伴着中华文明走过了漫长的岁月。早在公元前140—前87年，汉武帝的宫廷园林中就有栽种蔷薇，这就是我国古老月季品种。历代诗人也为月季留下了不少佳作，尤其是南宋诗人杨万里的一句"只道花开无十日，此花无日不春风"，更是被世人称颂。公元1057年，北宋文学家宋祁编写的《益部方物略记》中，首次记载了四季开花、花色正红的月季，同时代编著的《月季新谱》中，已记载蓝田碧、银红牡丹、猩红海棠等月季名品17个。近2000年来，中国始终代表着世界月季栽培育种的最高水平，以至1976年英国出版的《月季种植》中写道："中国的园丁以无懈可击的技艺和细心所培育出来的植株，使得欧洲的育种学家能在很高的水平上开始制作。"古老月季对西方人更是具有持续的吸引力，他们好奇中国月季的花期竟然如此之长，尤其在中国北方，天气较寒的季节还能见到争艳的月季。在外国，这种抵御严寒的品种就很稀奇了。

相传，我国月季18世纪传入欧洲，由此开始了月季的环球之旅。1939年，法国人弗兰西斯·梅朗在法西斯铁蹄下，将当地月季和中国月季杂交，获得了一种新型月季。新品种培育出来后恰

五颜六色的月季花

逢"二"战爆发，当时巴黎的德国占领军当局只允许市民向外国寄1公斤重以内的邮包，别人都借机转移财产时，弗兰西斯·梅朗却寄往美国一包月季枝条。他以3-35-40的代号，将这种月季寄到美国。美国园艺家焙耶收到了这远渡重洋的品种后，立即分送美国南北各重要花圃进行繁殖。几年后，这个新品种东山再起，一时轰动全美。1945年美国太平洋月季协会将这个品种命名为"和平"，并宣称：我们确信，当代最了不起的这一新品种月季，应当以当今世界人民最大的愿望"和平"来命名，我们相信，"和平"月季将作为一个典范，永远生长在我们子孙万代的花园里。"和平"月季命名这一天，正巧联军攻克柏林，希特勒灭亡。当联合国成立，在旧金山召开第一次会议时，每个代表房间的花瓶里，都有一束美国月季协会赠送的"和平"月季。上面有一个字条写着：我们希望"和平"月季能够影响人们的思想，给全世界以持久和平。就此，"和平"月季为月季的环球之旅写下了浓墨重彩的一笔。

2012年10月18日，在南非约翰内斯堡举行的第十六届世界月季大会全体成员国代表大会上，"中国·北京"以全票通过，取得了2016年世界月季洲际大会的举办权，会议于2016年5月中旬于北京大兴新区举行。月季又重新回到了故土，这一抹美丽又在京南绽放。

🌿 择址大兴，续花缘 🌿

世界月季洲际大会，堪称世界月季届的"奥林匹克盛会"，是由世界月季联合会(World Federation of Rose Societies，WFRS)主办，各成员国承办的全球月季界的最高级别盛会，每三年举办一次，参加国家为WFRS所有成员国。在大会举办期间，将组织各成员国交流月季栽培、造景、育种、文化等方面的研究进展及成果，展示新品种，新技术，新应用，为举办国和举办城市推介地区品牌、开展国际合作提供平台。世界月季联合会WFRS是由世界各国月季协会组成的国际非营利性组织，现有包括英国、美国、法国、德国、中国等在内的41个成员国。该组织的宗旨是在世界范围内推广和传播有关月季的知识与信息。

1986 年，月季被选为北京市市花。它是百花之中的劳动模范，代表着北京人的亲和、兼容、勤劳、奉献的品格，它是大众之花、民主之花，它被寄托着北京人民对它的喜爱和信任。2016 年世界月季洲际大会择址北京大兴，续写了月季与北京的这段缘分。

大兴作为北京市南部高技术制造业和战略性新兴产业聚集区，正在成为首都做大做强实体经济的重要支撑。随着新一轮城南行动计划的实施和北京大兴国际机场的建设，大兴进入了多重机遇叠加的战略机遇期和发展黄金期。同时，农业也正在由传统农业向都市型现代农业转型，其中，月季产业就是新兴都市型现代农业的代表。

大兴百姓对月季更有着难以名状的亲近之感。走进大兴，无论是路旁绿植、城市绿化带还是居民小区内，随处可见月季的身影，满眼的花团锦簇。大兴区全境属永定河冲积平原，地势平坦，土壤为沙质壤土，非常适合花卉的种植和生长。近年来，大兴依托自身得天独厚的地理条件，扩大绿化面积，重视生态发展，花卉产业也由原来的零散种植发展到温室大棚科学种植，种植面积也由原来的小规模散户发展到万亩基地。近几年，大兴区月季产业初具规模，全区引进、试种月季品种超过 1000 个，北京二环、三环内用于景观建设的月季大部分产自大兴区，未来规划月季产业发展面积近 5000 亩。

而月季种植在大兴更是由来已久。1978 年，南郊农场鹿圈分场的农民开始种植观赏月季；1996 年，大兴苗圃建立花卉生产示范基地，引进玫瑰、郁金香、火鹤、绿巨人、绿帝王、大岩桐、非洲菊、马蹄莲、常春藤等四十余个品种；2000 年以来，大兴花卉协会、林业局花卉科相继成立，大型花卉企业陆续入驻，形成了企业化、规模化生产；2006 年，大兴建立北京日月星辰花卉市场，为全国花商的产品进入北京提供了一个交易集散的场地。此后，大兴陆续与中国农科院、北京林业大学、中国农业大学、北京师范大学生命科学学院等 7 家科研院校实施院区合作，承担了"名优花卉新品种引进与配套新技术开发""新型基质的研究与应用""高档花卉种苗工厂化繁育及配套技术研究""高档花卉种苗及成品工厂化生产技术示范与推广"多个科研推广项目，保障了产业的发展。2015 年，大兴举办第五届北京月季花文化节，位于魏善庄的大兴纳波湾园艺展区吸引了人们的目光，那里有存活几百年的古桩月季、盘在大棚上的藤本月季……色系丰富、鲜艳动人。因此，有了近30年花卉产业发展的积淀，当2016世界月季洲际大会机遇来敲门时，大兴新区厚积薄发，使得世界刮目相看，重新认识了这个如花般惊艳的京南之地。

2016世界月季洲际大会

2016世界月季洲际大会于2016年5月18日至24日在大兴新区拉开帷幕，大会主题是"美丽月季美好家园"。此次大会由世界月季联合会、中国花卉协会和北京市政府主办，中国花卉协会月季分会、北京市园林绿化局和大兴区政府承办，是一次"四会合一"的国际性月季盛会。届时，第十四届世界古老月季大会、第七届中国月季展和第八届北京月季文化节同期举办。中国是古老月季的故土，当月季承载着世界的文化内涵，重新回到这片故土的时候，月季不仅成为"美丽中国"的象征，更被赋予了一种文化回归的内涵。月季之美与家园之美的相互交融，

月季大会主会场

第十章 多彩大兴

古典情怀和现代精神熔为一炉，生态文明与经济文明融为一体。月季是家的一部分，是生活的美满，它四季开花、坚忍不拔、不畏严寒，它象征着幸福、和平、兼容、勤劳，寄托了人们对美好家园建设的向往和期盼。

2015年4月22日，2016年世界月季洲际大会标志和吉祥物在北京正式对外发布。大会标志为由月季花组成的"花绘北京"图案，吉祥物为麋鹿。大会标志"花绘北京"，设计理念源于月季，由缤纷色彩构成的月季花瓣组成的月季花，凸显举办国的文化特色，其缤纷炫彩的视觉效果与大会主题相呼应，同时又可搭配"花绘北京"系列口号"惠""汇""卉"应用于不同场合。吉祥物的设计理念源于麋鹿，整体外观设计形象生动、活泼。麋鹿是北京的特色物种，是世界稀有动物，在历史上有深远的影响力和深厚的文化底蕴。本届大会打破往届以花卉植物为原型的设计理念，以动物作为吉祥物，体现了人、植物、动物和谐的生态关系。

大兴区在办会初始阶段，便以"坚持政府引导、坚持既有项目支撑、坚持市场主体运作、坚持社会广泛参与、可持续发展"为办会原则，不仅让全民参与，更让社会整体成为办会主力军。"社会办会"这一办会新思路，将月季文化送到基层，也促进了"市花经济"的蓬勃发展。"办展会、兴产业、强文化、重生态、建城镇、富百姓"月季文化让百姓实实在在受益。从全民参与到"社会办会"，"借花势，兴新区，成大事"，月季大会已被赋予更为丰富的现实意义。

2016年世界月季洲际大会的核心区位于有着"浪漫月季小镇"之称的魏善庄镇。作为大会活动的集中区，这里主要建设有"三园、六路、一馆、一中心、一基地"。其中，"三园"是月季主题园、月季品种园、月季文化园；"六路"是中轴路、东大路、后查路、魏永路、苗圃路、庞安路；"一馆"是月季博物馆，这也是我国首座以月季为主题的博物馆；"一中心"是指会议会展中心；"多点"是指会议会展中心周边配套服务设施，满足大会需求；"一基地"指以核心区为中心，在大兴区积极打造市花经济，推进月季产业发展，形成月季全产业链，促进第一、第二、第三产业融合发展。

月季主题园占地600亩，包括五洲园、古老月季园、市花城市园、月季品种及城市园四部分，重点展示国内及国外大型月季园林造景、大型月季景观、月季自然风光、月季新品种、古老月季品种等。月季大会的开闭幕仪式，也在这里举行。月季品种园占地 550 亩，是世界名品月季育种与加工高端示范园，以月季品种收集、育种研发、加工出口、科技交流与教研教学为主要功能。月季文化园占地 1000 亩，是集月季文化传承、月季产业链延伸等多种功能于一体的文化创意园。月季博物馆占地约 2500 平方米，分为历史厅、科学厅、文化厅、世界厅、人物厅、园林厅、生活厅、展望厅八个展厅，以月季厅史、文化、艺术、品种、栽培等综合展览为主。整个月季博物馆设计灵感来源于中国传统月季纹饰丝绸，建筑结合中国传统花卉剪纸艺术，旨在打造具有国际视野，同时属于北京独一无二的月季博物馆。作为一项以自然元素为主题的设计，项目整合了多项节能设计的措施，体现了月季博物馆"源于自然，回归自然"的设计原则。建成后的月季博物馆是世界上第一家月季主题博物馆，成为魏善庄镇的地标性建筑。会议会展中心主要功能为开展月季学术论坛、月季花艺展示、月季衍生品艺术展示、月季科技体验。这些别具特色的月季大会建筑，会成为新区发展的地标性记忆。

🌿 月季装点绿色大兴 🌿

月季博物馆和月季园中，绚丽多姿的月季为观众营造了一场花卉盛宴，大花、丰华、藤本、地被、微型、切花……品种多样，红、黄、粉、白、紫、蓝、黑红……色系丰富。那里不仅有月季花卉的种植历史展示，还会展示月季培植，如玉玲珑、映日荷花、月月粉等。中国的古老月季品种内涵深刻，向人们展示着中国月季悠久深厚的历史文化，也打造了一次月季的回乡之旅，这种文化意义上的回归将推动大兴区古老月季的进一步传扬。世界性质的大会必将带来植物品种的交流和研究，这也将促进中外的月季种植再次深入交流，以此展现名副其实的月季种植古老大国。

月季大会不仅赏月季风采，谈月季文化，更关注了月季所产生出的月季产业及其对新区发展的推动力。作为 70 余座城市市花的月季，其能量不容小觑，它已经在世界各地孕育出了完整的产业链。借助月季大会，大兴区的月季产业将走向世界，这对于拉动月季产业升级，推动城市建设，加速经济发展，提升国际地

月季大会开幕式

位有着明显的推动作用。月季也没有将自己的美停留在外表，而是打入更广泛的市场，走入深加工的行当。月季的品种繁多，玫瑰便是其中之一，以玫瑰为主题延伸出来的产业链更是洋洋大观。玫瑰茶、玫瑰酒、玫瑰精油、花露、各种化妆品……只要有市场的地方就抵挡不了人们对于玫瑰的喜爱，它本身亦可在人类的制作下变换万千，市花经济的模型也可见一斑。通过此次 2016 年世界月季洲际大会，大兴区将发展月季全产业链，并通过月季产业促进农业、旅游休闲和创意文化产业等第一、第二、第三产的融合发展。同时，此次大会还带动了大兴区资源收集和产业保护观念的发展，同时升级新区观光旅游业。例如，将魏善庄打造出一片偌大的花海，观光休闲农业中不可错过的一环呼之欲出，一套立体的观光、采摘、婚纱摄影、度假养生的生态之都打造得趋于完美。

月季花象征着爱情、浪漫、美好，其早些年代就被文人骚客吟诗作赋，亦在文字资料中有过记载，而所有的意义都有待更深入的发掘。月季元素一度为服装设计师所青睐，不论在传统的旗袍还是普众的 T 恤衫，甚至曾经平民化十字绣、丝巾上都存在过月季的身影，简易的月季样式勾起的是人们一种美的眼光和情怀。作为文化崛起中的大国，文化创造了巨大的经济价值，如果加以适当的消费引导，为月季设计的文化产品也将风华京城，不论是书法、绘画、诗歌，还是介绍月季等花卉的科普活动、展览等，都将会受到热捧。

此次 2016 世界月季洲际大会是一场全民参与的大会，这样的办会原则也让大兴掀起了"爱市花，爱北京"的热潮。大兴区通过开展"市花进我家"等主题实践活动，激发了群众的参与热情。一幕幕精彩的原创剧、一件件巧夺天工的艺术作品、一场场别开生面的文化活动，让月季走进寻常百姓家，扮亮的不仅是新区的生活环境，更是新区百姓多姿多彩的文化生活。

月季来了，带着希望。面对城南行动计划、新机场建设等一系列历史机遇的叠加，新区又迎来备受世人瞩目的月季大会。独具魅力的月季背后，深藏着经济发展的热带，储藏丰富的资源，正等待着大兴人民去发掘。新时期的古老月季将赋予新的内涵，回家之后的古老月季展示了自己的亮丽风姿，月季将成为大兴新区走向国际世界的亮丽名片和崭新窗口。

月季装点绿色大兴

第三节　大绿大美新大兴

❧ 描绘新的蓝图 ❧

　　"林水相依绿网遍织京南，绿海畅游生态家园寻梦"，这是对如今大兴生态建设最生动的描绘。近年来，大兴区大幅增加近 20.1 万亩新植绿林，全区森林覆盖率达到 25%，因"绿色"而带来的生态效益正在逐步彰显。面向"十三五"，大兴区将生态建设列入整个区域发展的重中之重，打造了"一轴、两翼、四环、多廊"生态新路。2016 世界月季洲际大会、新机场建设、京津冀一体化协同发展……大兴在新的历史机遇面前，展现了自己的大绿大美。

大兴新城滨河公园

　　"一轴、两翼、四环、多廊"设计理念是大兴面向"十三五"，根据区域发展的实际需求，制定的生态发展新路。一轴即为"南中轴"绿道；两翼：西翼为"永定河—永兴河"绿道，东翼为"凤河水系"滨水绿道；四环：环大兴新城绿道、环亦庄开发区绿道、环新航城两组团绿道；多廊：新城城区滨水绿道、京沪高速绿道、"最美乡村路"绿道等沿河流以及道路布局的多廊绿道。"十三五"期间，大兴区将着力打造区域绿道空间结构，为区域生态建设助力。此外，大兴区也将启动凉水河、永定河、念坛引渠、老凤河—北兴路、兴旺路—小龙河、亦庄国际企业文化园等范围内的绿化建设，开辟低碳绿色生态发展新路。

　　绿色崛起、高端发展，面对新的历史机遇，大兴区还计划打造"绿美中轴"景观建设，建设京南中轴秀美大兴。被古人尊称为"龙脉""天街"的中轴路，其南中轴，北起永定门，南至京冀界，大兴承接南中轴尾端，未来规划中，大兴区将以团河宫、孙村组团、世界月季洲际大会园区为节点，与北京新机场森林绿地景观相连接，形成景观、产业、文化相融合的"绿美中轴"。团河行宫，根据该处皇家文化背景，开设相应元素的植物种植；孙村组团，采取适合居住的景致景观建设，营造宜业宜居的生态环境；月季园则配种大规模月季，突出月季大会特点……"绿美中轴"根据节点特质，为南中轴穿上了多彩新衣。

跨越绿色走廊

　　随着城市建设用地日益紧张，绿道建设在城市生态发展中的地位也越来越重要，甚至成为城市建设的一种新趋势。"绿道"是一种线形的绿色开敞空间，通常沿着河滨、溪谷、山脊、风景道路等自然和人工廊道建立，内设可供行人和骑车人进入的景观游憩线路，连接主要的公园、自然保护区、风景名胜区、历史古迹和城乡居住区等，有利于更好地保护和利用自然、历史文化资源，并为居民提供充足的游憩和交往空间。从规划建设思想来看，绿道建设基本不需要占用建设用地指标，具有投资少、见效快的特点，符合建设低碳城市的发展要求。也是扩大内需、刺激消费，推动经济发展的有效举措之一；还可以全面提升城乡居民的

麋鹿苑

生活质量，完善城市功能，强化地方风貌特征，提升发展品位。因此，在低碳、环保生活理念倡导下，绿道建设已经成为潮流。

大兴区在绿色廊道建设中，从区域实际出发，将绿道建设规划特色与林结合，结合生态林、平原造林项目、充分发挥生态林和平原造林生态效益，突出绿道生态特色。绿色廊道建设与全区重点生态项目、农业观光园、现有的公园绿地相结合，串联分散的公园和农业观光园，构筑一个完整的生态休闲网络；与河渠、湿地相结合，形成绿道林水相依的景观特色；与现有的旅游景点相结合、突出大兴绿道人文特色。"绿色园廊绵延相连、高端产业镶嵌其间"，大兴的绿色长廊与城乡绿化带一起，织就了大兴密密麻麻的绿色大网。

大兴区绿道体系规划区域层面、城区层面、镇域层面进行规划建设。其中区域层面规划范围：大兴新区1052平方公里；城区层面规划范围：大兴新城城区、亦庄经济开发区、新航城（榆垡镇与礼贤镇）；镇域层面规划范围：庞各庄、魏善庄、安定、采育四镇镇域。区域绿道体系总体布局：规划选线总长744.4公里，市级绿道98公里，永定河绿道46.1公里，新凤河绿道31.4公里，凉水河绿道16.7公里，北小龙河绿道3.8公里，区级绿道382公里，社区级绿道264.4公里。

此外，还全力推进城乡生态建设工程，新凤河、天堂河景观提升及健康绿道建设、长子营湿地建设、公共机构屋顶绿化建设等，一条条绿色景观大道将生态建设据点一一串联，一张绿色大网平铺大兴，"宜居宜业的和谐新大兴"正逐步展现。

🌿 鸟瞰新大兴 🌿

随着新机场项目的快速推进，大兴区对于新机场周边的配套建设也进入了关键时期。实施平原造林、永定河绿道建设、村庄绿化美化等项目，加快推进机场高速路、中轴路、京开路等主干道两侧镇域美化绿化工程，做好万亩古桑国家森林公园规划等前期准备工作，加强天堂河等河道综合治理，改善河道两侧环境……大兴区在新机场可视区的绿化美化工程投入了大量的人力物力。

2015 年，大兴区平原造林工程紧紧围绕"一河、一湿地、二区、多组团"的空间布局。一河指永定河绿色通道 6123.3 亩；一湿地指长子营牛坊湿地 541.2 亩；二区即机场周边地区 25822.8 亩和城乡接合部地区 2664.7 亩；多组团为分布在东

大兴核心区城市设计

部重点镇的 4946.8 亩。其中，机场周边造林任务占到全年总任务一半以上。大兴区平原造林工作涉及全区 10 个镇、210 个造林地块。1000 亩以上地块 13 块共 2.3 万亩，主要集中在礼贤、榆垡和安定镇，最大块位于礼贤镇，面积 5000 亩；礼贤镇达到万亩以上规模，安定镇接近万亩规模。礼贤、榆垡和安定镇均在新机场周边和可视范围区域内。由此可见，机场景观建设成为平原造林工程的重中之重。2016 年，大兴区将新增平原造林林地 4 万亩，其中，近 2.6 万亩林地将种在机场周边地区，持续为新机场添绿造景。

在机场可视区的平原造林工作不同于一般的平原绿化，还要综合考虑生态效益、地面景观及可视区空中景观等不同目标。例如，考虑到生态功能方面，机场可视区主要以吸尘、降噪、碳汇能力强的高大乔木树种为主；考虑到服务功能，通过提供休憩场所为本地及回迁居民服务；考虑地面景观效果，利用微地形，树种的搭配在平原实现高低错落的景观；考虑空中俯视效果，适当放大细班面积，通过道路、树种色彩变化，实现几何状、大色块的空中效果。根据不同功能定位，大兴的平原造林工程分为景观生态林、通道景观防护林和湿地建设与恢复三种建

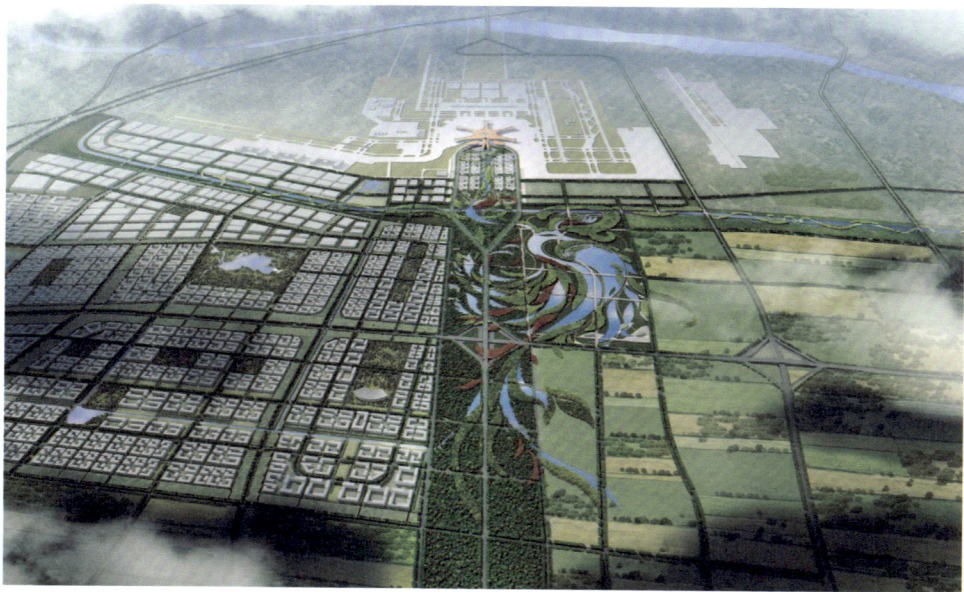

新机场周边环境意向图

设类型。本着"类型相同、地块相邻、集中连片"的原则，共编制了 12 个独立项目。其中，景观生态林建设工程规模为 33434.3 亩，涉及 9 个项目，有 4 个项目建在新机场可视区，占地 25822.8 亩。

在设计思路上，大兴区将延续"适地适树、简约自然、延绿添彩、多乔少灌、把握重点、突出节点、统一协调、注重景观"的原则，注重功能定位准确性、区域规划协调性、树种选择适应性、混交搭配合理性、面积尺度适宜性。同时，充分利用空中造林，打造"空中航线视廊"。2015 年，大兴区完成屋顶绿化 14051.98 平方米。2016 年将再增 1 万余平方米空中绿化，并在 6 个镇新建生态林 2 万余亩。届时，俯瞰整个大兴区域，将形成前所未有的"空中航线视廊"。新一轮的平原造林任务完成后，将为新机场打造一张亮丽的"绿名片"。

绿色，就是要加大空港新城的绿化美化力度，形成集中连片、成网成带的"大绿大美"景观，力争把空港新城建设成"世界枢纽、中国门户、区域引擎、生态新城"。空港新城将和大兴新城、亦庄新城一起，共同描绘"三座新城矗立、高端产业集聚、环境宜业宜居、人民文明幸福"的美好画卷！放眼京南大地，风云激荡、步伐铿锵。在时代跳跃的脉搏下，在新机场全面开启建设的大潮中，一股科学发展的蓬勃之力正源源集聚，一幅新区未来的壮丽画卷正徐徐展开，新机场正带给大兴人民前所未有的期待，大兴的生态文明建设正在奏响新区未来发展的新乐章！

第十章　多彩大兴

后　记

　　《兴甜绿海》是"南海子文化系列丛书"之一，旨在挖掘大兴生态文化。大兴报社副总编何利轩，大兴作协副主席、秘书长赵玉良，大兴作协副主席、大兴著名作家杨喜来，大兴青年作家赵昕参与编写了本书。在本书编写过程中，我们得到了丛书编委会专家组各位专家、特别是专家组吴凤琴老师的真诚支持、帮助和指导，在此表示衷心的感谢！

　　在编写过程中，我们深感要在有限的时间内实现这个目标着实不易。要写生态文化，就不能仅仅对生态相关领域内容进行记述，实际上是要通过此书的编写，对大兴生态文化进行挖掘、提炼、归纳和总结。这项工作既需要掌握大量的基础资料，又要求编写者有一定的人文理论基础，在经过相关课题研究后再将研究成果撰写成书。我们自忖水平有限，虽经努力草成此书，但仍觉对大兴生态文化阐述未尽，与编委会期望的高度相去甚远。希望仅以此书抛砖引玉，有更多部门、人士对大兴生态文化进行专业的研究。

　　由于作者水平有限，时间仓促，本书错漏之处在所难免，恳请读者批评指正。